# हमारी प्रमुख राष्ट्रीय प्रयोगशालाएं

# हमारी प्रमुख राष्ट्रीय प्रयोगशालाएं

गुणाकर मुळे

राजकमल प्रकाशन
नयी दिल्ली पटना इलाहाबाद

ISBN : 978-81-267-2263-1

**मूल्य** : ₹ 350



**पहला संस्करण** : 2012

**प्रकाशक** : राजकमल प्रकाशन प्रा.लि.
1-बी, नेताजी सुभाष मार्ग
नई दिल्ली-110 002

**शाखाएँ** : अशोक राजपथ, साइंस कॉलेज के सामने, पटना-800 006
पहली मंजिल, दरबारी बिल्डिंग, महात्मा गांधी मार्ग, इलाहाबाद-211 001

वेबसाइट : www.rajkamalprakashan.com
ई-मेल : info@rajkamalprakashan.com

**कवर और पेज डिजाइन** : मुकेश कुमार

**मुद्रक** : बी.के. ऑफसेट
नवीन शाहदरा, दिल्ली-110 032

HAMARI PRAMUKH RASHTRIYA PRAYOGSHALAYEN
*by* Gunakar Muley

*सहधर्मिणी शांति को*
*सस्नेह—*

# प्राक्कथन

आज वस्तुस्थिति यह है कि वैज्ञानिक और औद्योगिक अनुसंधान परिषद (सी.एस.आई.आर.) देश की प्रमुख वैज्ञानिक संस्था है। इसके अंतर्गत 30 राष्ट्रीय प्रयोगशालाएं और 12 सहकारी औद्योगिक संस्थाएं कार्यरत हैं। वैज्ञानिक क्षेत्र में संसार में, देश का नाम ऊंचा उठाने में इन प्रयोगशालाओं ने अहम भूमिका निभाई है।

मेरे पति श्री गुणाकर मुळे जी 1994-95 में विज्ञान एवं प्रौद्योगिकी विभाग की सलाहकार समिति के सदस्य थे, उस समय उन्होंने मीटिंग में यह सवाल उठाया कि हमारे देश की जनता को मालूम भी नहीं कि हमारी प्रयोगशालाओं में क्या काम हो रहा है और यह जनता के लिए कितना उपयोगी है। जबकि इन प्रयोगशालाओं के रख-रखाव में देश की जनता का पैसा खर्च होता है, सभी ने इस पर विचार किया और निदेशक जी ने कहा, मुळे जी आप ही यह काम कर सकते हैं। हमारी परिषद आपके जाने-आने और प्रयोगशालाओं में रहने की सुविधा मुहैया करवाएगी। आप अपने लेखों द्वारा प्रयोगशालाओं के कार्य, खोज और उनकी आर्थिक स्थिति को उजागर करेंगे। यह हमारे देश की जनता के लिए बहुत लाभप्रद तथा ज्ञानप्रद होगा।

उन्होंने देश की 18 प्रमुख प्रयोगशालाओं की यात्रा की। वह जिस प्रयोगशाला में जाते वहां से आकर सारा वृत्तांत सुनाते और वहां से लाई हुई चीजें देते। सुरक्षित रखने के लिए कहते।

चमड़ा संस्थान से विभिन्न तरह के पर्स और कई किस्म के चमड़े के छोटे-छोटे टुकड़े लेकर आए। कांच और सिरेमिक अनुसंधान से प्रकाशीय तंतु (ऑप्टिकल फाइबर) लेकर आए। ऑप्टिकल फाइबर अब संसार के शक्तिशाली साधन बनते जा रहे हैं। प्रकाशीय तंतु से दुतरफा टेलीफोन संबंध स्थापित किए जा सकते हैं। ऑप्टिकल फाइबर आज भी उनके पर्स में रखा हुआ है। नमक और रसायन संस्थान से कई तरह के नमक के नमूने लेकर आए। राष्ट्रीय समुद्र संस्थान से बहुधात्विक

पिंड और बहुत विचित्र तोहफा मिला, वह था—एक राज केकड़ा। यह धरती का एक प्राचीनतम प्राणी है। करीब 35 करोड़ साल से इसके आकार-प्रकार में कोई रद्दो-बदल नहीं हुआ। यह एक जीवित जीवाश्म है। धनबाद के ईंधन संस्थान से कई तरह के कोयले के नमूने लाए। क्षेत्रीय अनुसंधान प्रयोगशाला से सीसल के पौधे से बने सुंदर गणेश, वनस्पति अनुसंधान से फूलों को निर्जलीकृत किया हुआ शीशे में बंद फूलों का गुलदस्ता, यह सब चीजें आज भी मेरे घर में सुरक्षित रखी हुई हैं।

इन प्रयोगशालाओं में विद्यार्थियों को बड़े पैमाने पर शोधकार्य करने की सुविधा प्रदान की। ये प्रयोगशालाएं देश से वैज्ञानिक प्रतिभा के पलायन को रोकने का प्रयास कर रही हैं। इनमें हजारों की संख्या में वैज्ञानिक भौतिक विज्ञान से लेकर ईंधन प्रोद्योगिकी तक, औषधियों से लेकर चमड़े के गुणों तक, समुद्री रसायनों से लेकर विद्युत रसायन तक, इलेक्ट्रानिक से लेकर कार्बनीकरण तक, वैज्ञानिक उपकरणों से लेकर बंजर जमीन को हरा-भरा करने के उपायों तक को खोजने में लगे हुए हैं। अनुसंधान केवल सैद्धांतिक नहीं हैं। उनका उद्देश्य देश के उद्योगों की समस्याओं को हल करना है। सुगम और सस्ती विधियां विकसित करके नये उत्पादन को बढ़ावा देना और कच्चे मालों की खोज करना है।

उन्होंने 'आविस्कार' पत्रिका में प्रयोगशालाओं के और ड्रीम में अंग्रेजी व हिंदी में प्रयोगशालाओं पर लेख लिखे। कुछ समय बाद दोबारा पुस्तक तैयार की। इस पुस्तक को तैयार करने में, इसे यह रूप देने में मेरे कम्प्यूटर—सहायक श्री मुकेश कुमार का विशेष योगदान रहा।

मुझे आशा है कि सभी पाठक—बच्चे और बड़े—इस पुस्तक 'हमारी प्रमुख राष्ट्रीय प्रयोगशालाएं' से व्यापक ज्ञान हासिल करेंगे। हमारे देश में क्या-क्या अनुसंधान हो रहे हैं और भविष्य में कौन-कौन से अनुसंधान होंगे, पता चलेगा। यह पुस्तक भी उनकी दूसरी पुस्तकों की तरह उपयोगी सिद्ध होगी।

**—शांति गुणाकर मुळे**

''अमरावती', सी-210, पांडव नगर
दिल्ली-110092
15 अगस्त 2011

# अनुक्रमणिका


1. भारतीय दीप की विज्ञान-ज्योति 13
2. केंद्रीय औषधि अनुसंधान संस्थान 18
3. देश की समृद्धि में राष्ट्रीय रासायनिक प्रयोगशाला 27
4. चर्म कर्म प्रौद्योगिकियों के विकास में अग्रणी केंद्रीय चमड़ा अनुसंधान 38
5. खाद्य प्रौद्योगिकी के विकास में अग्रणी केंद्रीय खाद्य प्रौद्योगिकी अनुसंधान संस्थान 52
6. केंद्रीय कांच और सिरेमिक अनुसंधान संस्थान 65
7. राष्ट्रीय पर्यावरण अभियांत्रिकी अनुसंधान संस्थान 79
8. केंद्रीय नमक व समुद्री रसायन अनुसंधान संस्थान 85
9. राष्ट्रीय समुद्र विज्ञान संस्थान 100
10. उड़ान संबंधी समस्याएं सुलझा रही हैं राष्ट्रीय वांतरिक्ष प्रयोगशालाएं-1 118
11. उड़ान संबंधी समस्याएं सुलझा रही हैं राष्ट्रीय वांतरिक्ष प्रयोगशालाएं-2 133
12. नया स्वदेशी सुपरकम्प्यूटर सुपर-सॉल्वर 145
13. केंद्रीय ईंधन अनुसंधान संस्थान 154
14. क्षेत्रीय अनुसंधान प्रयोगशाला 161
15. कोशिकीय एवं आणविक जीव-विज्ञान केंद्र 166
16. भू-भौतकीय अनुसंधान संस्थान 173
17. क्षेत्रीय अनुसंधान प्रयोगशाला 181
18. राष्ट्रीय वनस्पति अनुसंधान संस्थान 187

# हमारी प्रमुख राष्ट्रीय प्रयोगशालाएं

अध्याय-1

# भारतीय दीप की विज्ञान-ज्योति

(नई दिल्ली)

भारतीय समाज और संस्कृति के विकास में प्राचीन काल से ही विज्ञान तथा टेक्नॉलाजी का महत्वपूर्ण योगदान रहा है। आज से करीब साढ़े चार हजार साल पहले की हड़प्पा संस्कृति प्रमुखतः तांबे व कांसे के धातुकर्म और उन्नत कृषिकर्म पर आधारित थी। भारत में स्थापित मगध के प्रथम साम्राज्य की शक्ति उस क्षेत्र में उपलब्ध हुए लौह धातुकर्म के साधनों में निहित थी।

विज्ञान और टेक्नॉलाजी के मामले में प्राचीन भारत दुनिया का एक काफी उन्नत देश रहा है। हमारे देश में चिकित्सा-विज्ञान के चरक-संहिता और सुश्रुत-संहिता जैसे महान ग्रंथों की रचना हुई। तब वैद्य लोग शव-परीक्षा करते थे, प्लास्टिक - सर्जरी करना भी जानते थे। प्राचीन भारत में आर्यभट (499 ई.) और ब्रह्मगुप्त (628 ई.) जैसे महान गणितज्ञ-खगोलविद हुए। आज सारे संसार में प्रचलित शून्य पर आधारित दाशमिक स्थानमान अंक-पद्धति भारत की ही खोज है। प्राचीन भारत के उन्नत धातुंकर्म का साक्षात सबूत है दिल्ली में कुतुब मीनार के पास खड़ा करीब सोलह सौ साल पुराना लौह स्तंभ। कृषिकर्म के साधन, वास्तुकला

चित्र 1.1 : नई दिल्ली में परिषद का मुख्यालय

और विविध शिल्प-व्यवसायों के मामलों में भारत किसी समय दुनिया का एक अग्रगण्य देश रहा है।

गुरुकुलों-आश्रमों में रहकर विद्यार्थी योग्य आचार्यों से ज्ञान-विज्ञान की शिक्षा हासिल करते थे। पता चलता है कि तक्षशिला के आसपास विशेषज्ञ आचार्यों के कई आश्रम थे, जहां वेद-वेदांग, आयुर्वेद आदि की शिक्षा ग्रहण करने के लिए दूर-दूर से विद्यार्थी पहुंचते थे। बाद में हमारे देश में नालंदा, विक्रमशिला आदि स्थानों पर भव्य विद्यापीठ स्थापित हुए, जहां न केवल देश के दूर-दूर के स्थानों के बल्कि विदेशों के विद्यार्थी भी ज्ञानार्जन के लिए पहुंचते थे। विविध शिल्प-व्यवसायों का ज्ञान कुशल कारीगरों के सान्निध्य में रहकर प्राप्त किया जाता था।

विदेशों के साथ भारत का सदियों तक व्यापार-व्यवसाय चला, इसलिए विज्ञान तथा टेक्नोलॉजी का भी खूब आदान-प्रदान हुआ। दूसरे देशों ने भारत से बहुत-सी बातें सीखीं, तो शकों, कुषाणों, तुर्कों, मुगलों आदि के साथ भारत में कई सारी नई तकनीकों और आविष्कारों का आगमन हुआ। आदान-प्रदान से विज्ञान व टेक्नोलॉजी का निश्चय ही तेजी से विकास होता है।

अंग्रेजी शासन व शिक्षा के प्रभाव में, उन्नीसवीं सदी के उत्तरार्ध में, भारत में विज्ञान तथा टेक्नोलॉजी के पुनरुत्थान के एक नए युग की शुरुआत हुई। देश में कालेज और विश्वविद्यालय खुलने लगे, ज्ञान-विज्ञान की खोजबीन के लिए संस्थाएं स्थापित होने लगीं। संस्कृति और पुरातत्त्व के अध्ययन के लिए 1784 ई. में कलकत्ता (कोलकाता) में एशियाटिक सोसायटी की स्थापना हुई थी। भारतीय प्राणिविज्ञान सर्वेक्षण की स्थापना 1957 ई. में, भारतीय मौसम-विज्ञान विभाग की 1875 ई. में और भारतीय वनस्पति-विज्ञान सर्वेक्षण की 1890 ई. में हुई। इनकी स्थापना अंग्रेज शासकों ने की थी। मगर डॉ. महेंद्रलाल सरकार ने अल्प साधनों से कलकत्ता में 1876 ई. में जिस वैज्ञानिक संस्था (इंडियन एसोसिएशन फार द कल्टिवेशन आफ साइंस) की स्थापना की थी वह एक व्यक्तिगत प्रयास था। बाद में, इसी संस्था की प्रयोगशाला में सीमित साधनों से अनुसंधान-कार्य करके चंद्रशेखर वेंकटरामन ने 1930 ई. में भौतिकी का नोबेल पुरस्कार प्राप्त किया।

वैज्ञानिक पुनरुत्थान का नया युग शुरू होने पर भारत ने आरंभ में ही जगदीशचंद्र बसु, प्रफुल्लचंद्र राय, श्रीनिवास रामानुजन, चंद्रशेखर वेंकटरामन, मेघनाद साहा और सत्येंद्रनाथ बसु जैसे चोटी के वैज्ञानिक संसार को दिए। इनमें से कुछ ने अपने स्वतंत्र अनुसंधान संस्थान भी स्थापित किए। जैसे जगदीशचंद्र बसु ने कलकत्ता में बोस इंस्टीट्यूट की और रामन ने बेंगलूर में रामन रिसर्च इंस्टीट्यूट की स्थापना की। प्रफुल्लचंद्र राय ने भारत में नए रासायनिक उद्योगों की स्थापना

को ज्यादा महत्व दिया। उन्होंने 1892 ई. में अपने घर में ही बंगाल केमिकल्स एंड फार्मास्यूटिकल्स का शुभारंभ कर दिया था। अनुसंधान पर आधारित उद्योग की स्थापना का एक भारतीय वैज्ञानिक द्वारा किया गया यह पहला ठोस प्रयास था।

अंग्रेज शासकों की भारतीय उद्योगों के विकास में दिलचस्पी नहीं थी। मगर 1939 ई. में जब दूसरा महायुद्ध शुरू हुआ, तो स्थिति काफी बदल गई। भारत में विदेशी माल का आना कम हो गया। युद्ध-सामग्री की आवश्यकता के लिए अब भारत में वैज्ञानिक अनुसंधान और उद्योगों को संयोजित करना आवश्यक समझा गया। इसी उद्देश्य से 1939 ई. में शासन ने वैज्ञानिक तथा औद्योगिक अनुसंधान के एक "बोर्ड" की स्थापना की और अपने विश्वासपात्र **वैज्ञानिक डॉ. शांतिस्वरूप भटनागर** को उसके संचालन की जिम्मेदारी सौंपी। अब वैज्ञानिकों के सहयोग से छोटी-मोटी युद्धोपयोगी चीजें भारत में भी बनने लगीं।

जब महायुद्ध पूर्वी एशिया में भी फैला, तो सितंबर 1942 में "बोर्ड" को बदलकर वैज्ञानिक तथा औद्योगिक अनुसंधान परिषद की स्थापना की गई और डॉ. भटनागर को उसका निदेशक नियुक्त किया गया। उद्योगों के सहयोग से परिषद के अंतर्गत रसायन, भौतिकी, धातुकर्म, ईंधन, कांच, चमड़ा औषधि आदि के क्षेत्र में अनुसंधान के लिए राष्ट्रीय प्रयोगशालाएं स्थापित करने की योजना बनी।

**चित्र 1.2 :** वैज्ञानिक तथा औद्योगिकी अनुसंधान परिषद का प्रतीक चिह्न

मगर इस योजना को तेजी से कार्यरूप में परिणत कर पाना 1947 ई. में आजादी प्राप्त करने के बाद ही संभव हुआ। पं. जवाहरलाल नेहरू की वैज्ञानिक अनुसंधान में गहरी दिलचस्पी थी। नए शासकों का विश्वास प्राप्त करने में डॉ. भटनागर को कोई दिक्कत नहीं हुई। परिषद के निदेशक के अलावा उन्हें वैज्ञानिक अनुसंधान से संबंधित नए मंत्रालय का सचिव भी बना दिया गया। इतना ही नहीं, वे शिक्षा सचिव भी बना दिए गए। डॉ. भटनागर अब वैज्ञानिक अनुसंधान से संबंधित क्रियाकलापों के सर्वेसर्वा बन गए थे।

डॉ. भटनागर निश्चय ही एक कर्मठ और कार्यकुशल वैज्ञानिक थे, खूब तेजी से काम करते थे। वैज्ञानिक तथा औद्योगिक अनुसंधान परिषद (CSIR) के लिए

एक प्रतीक चिह्न बनाया जाना था। उसमें विज्ञान की ज्योति को उद्योग के पहिए के साथ मिलाना था। कलाकार को कठिनाई हो रही थी। भटनागर ने कहा–'महाशय, सत्य की ज्योति स्पिरिट लैंप से नहीं आएगी। वह हमारे प्राचीन भारतीय दीप से ही निकलेगी।' कलाकार की समस्या हल हो गई।

चित्र 1.3 : डॉ. शांतिस्वरूप भटनागर (1894-1955)

डॉ. भटनागर ने आरंभ में 11 प्रयोगशालाएं स्थापित करने की योजना बनाई थी। रसायन (पुणे), भौतिकी (नई दिल्ली), धातुकर्म (जमशेदपुर), खाद्य सामग्री (मैसूर) और कांच (कलकत्ता) अनुसंधान से संबंधित प्रयोगशालाएं 1950 ई. में ही स्थापित हो गई थीं। डॉ. भटनागर का जनवरी, 1955 में देहावसान हुआ। तब तक परिषद के अंतर्गत स्थापित एक दर्जन राष्ट्रीय प्रयोगशालाओं में अनुसंधान-कार्य आरंभ हो गया था। स्पष्ट है कि पं. नेहरू द्वारा डॉ. भटनागर को प्रदान की गई भरपूर सुविधाओं के कारण ही देश में इतनी तेजी से राष्ट्रीय प्रयोगशालाएं खड़ी कर पाना संभव हुआ। डॉ. रामन् ने इस उपलब्धि को ठीक ही "नेहरू-भटनागर प्रभाव" का नाम दिया था।

आज वैज्ञानिक तथा औद्योगिक अनुसंधान परिषद द्वारा संचालित राष्ट्रीय प्रयोगशालाओं/संस्थाओं की संख्या 40 पर पहुंच गई है। इनके अलावा, परिषद के अंतर्गत 81 क्षेत्रीय केंद्र/क्षेत्रीय प्रयोगशालाएं भी हैं। डॉ. भटनागर ने जब परिषद के संचालन की जिम्मेदारी संभाली थी, तो उन्हें इस बात की विशेष खुशी थी कि अब पी-एच. डी. हासिल भारतीय वैज्ञानिकों को अच्छे वेतन वाली नौकरियां मिल जाएंगी। आज परिषद द्वारा संचालित संस्थाओं/प्रयोगशालाओं में करीब 25,000 व्यक्ति कार्यरत हैं, जिनमें 6050 के आसपास वैज्ञानिक और इंजीनियर हैं।

सन् 1942 ई. में जब परिषद की स्थापना हुई थी, तब उसका वार्षिक बजट महज 15 लाख रुपए था। अब परिषद को मिलने वाली कुल सरकारी बजट

सहायता 500 करोड़ रु. के आसपास है। इसके अलावा, उद्योगों के साथ अनुसंधान व विकास के अपने संबंधों के जरिए भी परिषद की प्रयोगशालाएं धन अर्जित करती हैं।

वैज्ञानिक तथा औद्योगिक अनुसंधान परिषद एक स्वायत्त संगठन है, एक रजिस्टर्ड सोसायटी है। भारत के प्रधानमंत्री इस सोसायटी के अध्यक्ष होते हैं। परिषद की गतिविधियों का नियोजन एक स्वायत्तशासी निकाय द्वारा होता है। परिषद के महानिदेशक इसके अध्यक्ष होते हैं। सरकार के साथ प्रभावकारी संबंध बनाए रखने के प्रयोजन से परिषद के महानिदेशक को विज्ञान तथा प्रौद्योगिकी मंत्रालय में सचिव भी नियुक्त किया जाता है।

वैज्ञानिक तथा औद्योगिक अनुसंधान परिषद का मुख्यालय नई दिल्ली में रफी मार्ग स्थित अनुसंधान भवन में है। मुख्यालय की इकाइयों में एक योजना प्रभाग है, एक प्रौद्योगिकी प्रभाग है, अंतर्राष्ट्रीय वैज्ञानिक सहयोग के लिए भी एक अलग प्रभाग है।

परिषद की और भी कई गतिविधियां हैं। परिषद प्रतिवर्ष प्रतिभाशाली वैज्ञानिकों को शांतिस्वरूप भटनागर पुरस्कार प्रदान करती है। परिषद विश्वविद्यालयों तथा अन्य वैज्ञानिक संस्थानों में हो रहे अनुसंधान-कार्य के लिए सहायता देती है, फैलोशिप प्रदान करती है। परिषद वैज्ञानिक अनुसंधान के लिए बड़ी संख्या में जूनियर फैलोशिप प्रदान करती है; इसके लिए एक अखिल भारतीय परीक्षा का आयोजन करती है।

भारत सरकार ने परमाणु ऊर्जा, अंतरिक्ष अनुसंधान, इलेक्ट्रानिकी, जैव-प्रौद्योगिकी आदि के लिए स्वतंत्र विभाग स्थापित किए हैं। कोयला, इस्पात आदि के लिए स्वतंत्र मंत्रालय भी हैं। परंतु भारत में वैज्ञानिक अनुसंधान का प्रमुख संगठन वैज्ञानिक तथा औद्योगिक अनुसंधान परिषद ही है। यह जानना निश्चय ही जरूरी और उपयोगी है कि परिषद द्वारा संचालित प्रयोगशालाओं/संस्थाओं में किस तरह का अनुसंधान-कार्य हुआ है और आज हो रहा है।

अध्याय-2

# केंद्रीय औषधि अनुसंधान संस्थान

(लखनऊ)

जून 1995 में कई दिनों तक समाचार प्रकाशित होते रहे कि उत्तरी बिहार में एक रहस्यमय बीमारी बड़ी तेजी से फैल रही है। दो सौ से भी ज्यादा लोगों की जानें गईं। चिकित्सक विवश थे क्योंकि रक्त में उस रोग के विषाणुओं की पहचान के लिए जरूरी जांच-पेटिकाएं देश में उपलब्ध नहीं थीं।

उसी प्रकोप के दौरान बिहार के जन-स्वास्थ्य की वास्तविक दशा के बारे में कई तथ्य उजागर हुए। दक्षिण बिहार की 90 प्रतिशत जनता मलेरिया, तपेदिक और काला-अजार से प्रभावित है। इन व्याधियों ने वहां की पहाड़िया-जनजाति को विनाश के कगार पर पहुंचा दिया है। पाकुर, साहेबगंज और समस्तीपुर जिलों में ऐसे बहुत-से गांव हैं जहां 10 प्रतिशत जनता काला-अजार से प्रभावित है। सरकारी सूचनाओं के अनुसार, 1994 ई. में बिहार में काला-अजार के कम-से-कम 24,000 रोगी थे। इस रोग के एक विशेषज्ञ प्रो. सी.पी. ठाकुर की चेतावनी है कि काला-अजार की रोकथाम के लिए जल्दी ही कारगर कदम नहीं उठाए गए, तो अगले दशक में बिहार में यह रोग एक भयंकर महामारी का रूप धारण कर लेगा।

बिहार, बंगाल और असम के लिए काला-अजार का प्रकोप कोई नई चीज नहीं है। इस बीमारी की शुरुआत के बारे में कोई जानकारी नहीं मिलती, मगर 1824-25 ई. में एक अनजाने बुखार के रूप में जेस्सोर (पूर्वी बंगाल) में यह बीमारी प्रकट हुई थी तब इस प्रकोप से उस क्षेत्र में 75,000 लोगों की जानें गई थीं। आगे जाकर इस प्रकोप का प्रसार पश्चिम बंगाल की ओर हुआ। 1866 ई. में यह बीमारी वर्धमान क्षेत्र में फैली, तो इसे 'वर्धमान ज्वर' का नाम मिला। तदनंतर यह बीमारी 1872 ई. में उत्तरी बंगाल में और फिर 1882 ई. में बिहार में प्रकट हुई, जहां इसे 'कालादुख' का नाम दिया गया।

इस बीमारी में ज्वर से पीड़ित व्यक्ति बहुत दुर्बल हो जाता है। मरीज के यकृत और तिल्ली की अत्यधिक वृद्धि हो जाने से उसका पेट बढ़ जाता है। सन् 1875 से बंगाल के साथ असम का सड़क व स्टीमर से यातायात संबंध स्थापित हो गया, तो काला-अजार का प्रकोप ब्रह्मपुत्र की घाटी में भी फैलता गया। सन्

1909 में यह प्रकोप कलकत्ता के पास के दमदम कस्बे में प्रकट हुआ, तो इसे 'दमदम बुखार' का नाम मिला।

काला-अजार के प्रकोप की सही पहचान नहीं हो पा रही थी, इसीलिए इसे अलग-अलग नाम दिए जा रहे थे। अंततः 1903 ई. में लिशमान और डोनोवान नामक दो डाक्टरों ने काला-अजार से पीड़ित रोगियों की तिल्ली में एक विशिष्ट प्रकार के परजीवी पिंड की खोज की, जिसे इन दो वैज्ञानिकों के नाम के आधार पर **लिशमानिया डोनोवानी** नाम दिया गया।

रोग की पहचान के बाद खोजबीन शुरू हुई कि इसका प्रसार कैसे होता है। सन् 1924 के आसपास पता चला कि एक विशेष किस्म की मक्खी (सैंडफ्लाई) के काटने से काला-अजार के परजीवी मनुष्य के रक्त में प्रवेश करते हैं। फिर ये परजीवी यकृत, तिल्ली और अस्थिमज्जा में पहुंचकर कोशिकाओं के भीतर विकसित होते जाते हैं। ज्वर शुरू हो जाता है। यकृत और तिल्ली में वृद्धि होती जाती है। यदि विशेष इलाज की व्यवस्था न हो तो प्रायः रोगी की मृत्यु हो जाती है।

काला-अजार से अक्सर ही मलेरिया का भ्रम होता है, क्योंकि दोनों के लक्षणों में काफी समानता है। मगर काला-अजार में कुनैन से कोई लाभ नहीं होता। काला-अजार के उपचार के लिए एन्टीमनी के यौगिक काफी सफल सिद्ध हुए हैं। मगर सबसे बड़ी समस्या है, आरंभिक अवस्था में ही इस रोग की पहचान होना। इसके लिए कुछ परीक्षण विकसित किए गए हैं, परंतु वे शतप्रतिशत कारगर नहीं हैं।

**चित्र 2.1 :** संस्थान में ऊतक संवर्धन प्रयोगशाला

अब लखनऊ स्थित **केंद्रीय औषधि अनुसंधान संस्थान** ने काला-अजार की प्रारंभिक दशा में ही पहचान के लिए एक सरल व सुगम जांच-विधि विकसित की है। यह विधि रोगी में प्रतिपिंड (एंटीबॉडी) पकड़ने में सक्षम है। संस्थान ने इस जांच-विधि या पेटिका (किट) के विपणन अधिकार एक कंपनी को सौंप दिए हैं। उम्मीद की जाती है कि जनसाधारण के इलाज के लिए यह नई जांच-विधि जल्दी ही मार्किट में उपलब्ध हो जाएगी। काला-अजार के परजीवी के विरुद्ध एक सफल टीका विकसित किए जाने के प्रयास भी जारी हैं।

मगर जब काला-अजार को काबू में करना अधिक कठिन हो गया है। पहले

डी.डी.टी. के छिड़काव से सैंडफ्लाई पर नियंत्रण संभव था, मगर अब भारतीय सैंडफ्लाई में डी.डी.टी. के प्रति प्रतिरोधी क्षमता पैदा हो गई है। केंद्रीय औषधि अनुसंधान संस्थान ने मलेरिया के मच्छरों को खत्म करने के लिए एक लार्वानाशक विकसित किया है। फिलहाल इस पर परीक्षण जारी हैं। आंकड़े बताते हैं कि बिहार के 42 में से 32 जिले काला-अजार से प्रभावित हैं, इसलिए प्राथमिकता के आधार पर सैंडफ्लाई के उन्मूलन का कार्यक्रम भी हाथ में लेना अत्यावश्यक हो गया है।

देश में चिकित्सा और औषधि अनुसंधान के कई संस्थान हैं। भारतीय चिकित्सा अनुसंधान परिषद के अंतर्गत 21 संस्थान/केंद्र इस क्षेत्र में कार्यरत हैं। चिकित्सा की आयुर्वेद, सिद्ध तथा यूनानी पद्धतियों में अनुसंधान के लिए भी पृथक परिषदें हैं। परंतु इन सब में वैज्ञानिक तथा औद्योगिक अनुसंधान परिषद द्वारा संचालित **केंद्रीय औषधि अनुसंधान संस्थान** (लखनऊ) की अपनी एक अलग ही पहचान है। इस संस्थान की उपलब्धियों को जानने के पहले भारतीय चिकित्सा की पूर्व-परंपरा पर एक नजर डालना उपयोगी होगा।

**चित्र 2.2 :** औषधि-विज्ञान का विकासक्रम

भारत में चिकित्सा की परंपरा बहुत पुरानी है। हमारे देश में आज से करीब दो हजार साल पहले आयुर्वेद के **चरक-संहिता** और **सुश्रुत-संहिता** जैसे महान ग्रंथों की रचना हुई। चरक-संहिता प्रमुखतः कार्य-चिकित्सा का ग्रंथ है, तो सुश्रुत-संहिता शल्य-चिकित्सा का। सुश्रुत-संहिता में शवच्छेदन की जानकारी है और नाक, ओठ तथा कान की प्लास्टिक-सर्जरी करने की विधियां भी बताई गई हैं। उस जमाने के चिकित्सक उपचार के नए-नए तरीके खोजते थे, नए-नए परीक्षण करते थे और नई-नई वनस्पतियों एवं जड़ी-बूटियों की तलाश करते रहते थे। प्राचीन भारत में औषधोपयोगी द्रव्यों तथा वनस्पतियों के **निघंटु** नामक पर्यायवाची शब्दकोश भी तैयार हुए थे। आरंभ में तक्षशिला तथा काशी जैसे स्थानों में और बाद में नालंदा तथा

विक्रमशिला जैसे महान विद्याकेंद्रों में आयुर्वेद के अध्ययन-अध्यापन की अच्छी व्यवस्था थी।

बाद में हमारे देश के वैद्य लकीर के फकीर बनते गए। पुराने ग्रंथों को ही प्रामाणिक माना जाने लगा। नए-नए इलाज खोजने की प्रवृत्ति जाती रही। शव-परीक्षा की परंपरा भी लुप्त हो गई। मध्ययुग में हमारे देश में यूनानी चिकित्सा-पद्धति को प्रवेश मिला। फिर यूरोप की व्यापारी कंपनियों के साथ भारत में 'एलोपैथी' नामक आधुनिक चिकित्सा-पद्धति का आगमन हुआ। भारत में पहला मेडिकल कालेज 1833 ई. में कलकत्ता में स्थापित हुआ। अगले वर्ष इसी कालेज के एक विद्यार्थी मधुसूदन गुप्त ने आधुनिक भारत में पहली बार शवच्छेदन किया।

फिर आगे एक दशक के भीतर मद्रास और बंबई में भी मेडिकल कालेज स्थापित हुए। तदनंतर, उन्नीसवीं सदी के उत्तरार्ध में, देश के 28 नगरों में नए मेडिकल स्कूल खोले गए। इन मेडिकल स्कूलों और कालेजों को अस्पतालों के साथ जोड़ा जाने लगा। इस तरह भारत में आधुनिक चिकित्सा-पद्धति का प्रचार-प्रसार होता गया।

आधुनिक चिकित्सा-पद्धति में डाक्टर का कार्य प्रमुखतः रोगों का इलाज करने तक सीमित रहता है। नई औषधियों की खोज एक अलग विज्ञान है। देश में नए मेडिकल कालेज और अस्पताल तो खुल रहे थे, मगर औषधि अनुसंधान के लिए एक राष्ट्रीय प्रयोगशाला की स्थापना स्वतंत्रता-प्राप्ति के बाद ही संभव हुई। दूसरे महायुद्ध के दौरान 1942 ई. में देश में वैज्ञानिक तथा औद्योगिक अनुसंधान परिषद का गठन हुआ था। परिषद ने आरंभ में जिन ग्यारह राष्ट्रीय प्रयोगशालाओं की स्थापना का निर्णय लिया था उनमें एक औषधि अनुसंधान के लिए भी थी। अंततः आजादी के साढ़े तीन साल बाद लखनऊ में गोमती नदी के तट पर स्थित ऐतिहासिक छत्तर मंजिल महल में केंद्रीय औषधि अनुसंधान संस्थान की स्थापना हुई। पं. जवाहरलाल नेहरू ने 17 फरवरी 1951 को इस राष्ट्रीय प्रयोगशाला का उद्घाटन किया था।

छत्तर मंजिल एक आलीशान इमारत है। लखनऊ में आकर बसे हुए फ्रांसीसी सैनिक व व्यापारी क्लाउ मार्तिन (1735-1800 ई.) ने इस इमारत को बनवाया था आज से करीब दो सौ साल पहले। अवध के तत्कालीन नवाब आसफउद्दौला को यह इमारत बेहद पसंद आई और उसने इसे मार्तिन से 55,000 रुपए में खरीद लिया। अगला नवाब सआदतअली खां अपनी सेहत सुधारने के इरादे से इस इमारत में रहने आया। यहां आकर नवाब का स्वास्थ्य सुधर गया, वह यहां गुस्ले-सेहत (आरोग्य-स्नान) लेने लगा, तो उसने इस कोठी को फहरत बख्श (सुखदायक) का

**चित्र 2.3 :** छत्तर मंदिर महल लखनऊ

नाम दिया। इसकी छत्री-नुमा सुनहरी छत के कारण आगे जाकर इसे छत्तर मंजिल का नाम मिला।

बाद में फहरत बख्श कोठी के आसपास कई आलीशान कोठियां बनीं। अवध के अंतिम शासक वाजिदअली शाह के समय (1856 ई.) तक लखनऊ के नवाबों का निवास इन्हीं कोठियों में रहा। सन् 1857 में स्वातंत्र्य-युद्ध के समय इन कोठियों को काफी क्षति पहुंची और इन पर अंग्रेजों का कब्जा हो गया। आजादी के बाद 1949 ई. में छत्तर मंजिल का केंद्रीय औषधि अनुसंधान संस्थान के लिए अधिग्रहण हुआ और तब आवश्यकता के अनुसार इस ऐतिहासिक इमारत में काफी रद्दोबदल किया गया। नवाबों के ऐश-आराम का साक्षी यह

**चित्र 2.4 :** संस्थान में स्वचालित डी.एन.ए. संश्लेषण के साधन

महल अब आम जनता की स्वास्थ्य-सेवा के लिए समर्पित हैं। पिछले करीब पैंतालीस वर्षों से यहां नई-नई औषधियों पर खोजबीन होती आ रही है।

आधुनिक वैज्ञानिक पद्धति से खोजी जाने वाली औषधियों के बारे में एक महत्वपूर्ण बात को समझ लेना जरूरी है। नई औषधि या टीके के विकास के क्षेत्र में आज बहुत ज्यादा प्रतिस्पर्धा है और इसमें समय और लागत भी काफी अधिक लगती है। नई औषधि को कई परीक्षणों से गुजरना पड़ता है; इस पर कठोर सरकारी नियमों का भी नियंत्रण रहता है। नई औषधि के विकास में 10 वर्ष का

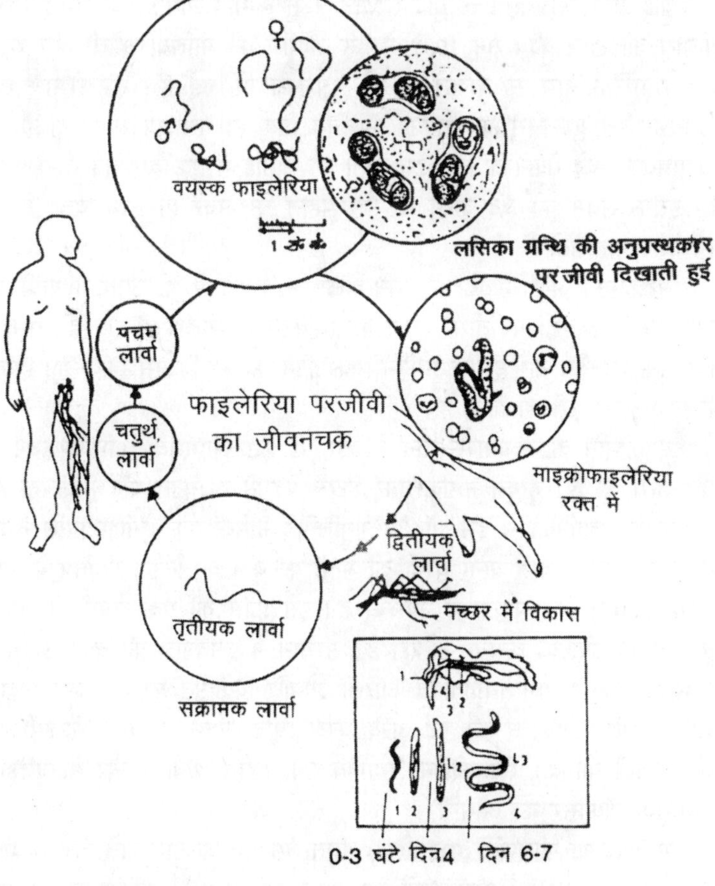


**चित्र 2.5 :** संस्थान में स्वचालित डी.एन.ए. संश्लेषण के साधन

समय लगना एक साधारण बात है। लगभग 10,000 यौगिकों की जांच करने के बाद उनमें से एक यौगिक ही नई औषधि बन पाता है। नई औषधि के विकास में करीब 150-200 करोड़ रुपए खर्च आता है।

आज देश की एक सबसे बड़ी समस्या है, हमारी तेजी से बढ़ती आबादी। आबादी को नियंत्रण में रखने के लिए आज गर्भ-निरोध के कई देशी-विदेशी साधन उपलब्ध हैं। लखनऊ के औषधि अनुसंधान संस्थान ने आरंभ में ही प्राथमिकता के तौर पर जिन योजनाओं को हाथ में लिया था उनमें से एक थी, परिवार-नियोजन के लिए गर्भ-निरोधक साधन तथा औषधि का विकास करना।

कई साल के प्रयासों के बाद संस्थान ने **सेंटक्रोमान** नामक एक गर्भ-निरोधक औषधि की खोज की। सन् 1992 से इस औषधि की गोलियां **सहेली** और **सेंट्रस** के व्यापारिक नाम से बाजार में भी उपलब्ध हो गई हैं। सेंटक्रोमान एक स्टेरायड-रहित गर्भ-निरोधक है। यह निषेचित डिंब का गर्भाशय से जुड़ना रोकता है। गर्भधारण को रोकने के लिए इस गोली को सप्ताह में एक बार लेते रहना पड़ता है। इसके सेवन को बंद करने के छह महीने के अंदर ही सामान्यतः स्त्रियां गर्भधारण कर लेती हैं।

सेंटक्रोमान औषधि बढ़े हुए स्तन-कैंसर के इलाज में भी उपयोगी पायी गई है। इसका कई केंद्रों पर तीसरे चरण का चिकित्सीय परीक्षण हो रहा है। संस्थान ने रीठे से **कोनसैप** नामक एक गर्भ-निरोधक क्रीम का भी विकास किया है। इसका भी क्लिनिकल परीक्षण जारी है।

सेंटक्रोमान के अलावा संस्थान ने और भी कुछ औषधियां वाणिज्यीकरण के लिए जारी की हैं। **गुग्गुल** नामक एक कंटीले पेड़ से गंधयुक्त गोंद निकलता है। संस्थान के वैज्ञानिकों ने इस गोंद से **गुगुलिपिड** नामक एक ऐसी औषधि तैयार की है जो रक्त में वसा यानी चरबी की मात्रा को कम करती है। **गुगलिप** के नाम से यह औषधि अब मार्केट में उपलब्ध है। इसे फ्रांस की एक कंपनी के जरिए यूरोप में भी उपलब्ध कराया जा रहा है। संस्थान ने इसबगोल की बीज की भूसी से **इसपटेंट** नामक गर्भाशयग्रीवा-विस्फारिणी औषधि विकसित की है। संस्थान द्वारा बिक्री के लिए उपलब्ध की गई अन्य कुछ प्रमुख औषधियां हैं : **सेंटइमीजोन** (थाइराडरोधी यौगिक), **सेंटब्रुकीडीन** (स्थानीय संवेदनाहारी औषधि) और **सेंटब्युटिडाल** (मानसिक विकासर की औषधि)।

हाथीपांव या फीलपांव (फाइलेरिया) भारत-जैसे गर्म जलवायु वाले देश का एक पुराना असाध्य रोग है। पतले धागे-जैसे सफेद रंग के 8-10 सेंटीमीटर लंबे एक विशेष वर्ग के परजीवी (ब्रुगिया मलाई) से होने वाले इस रोग में पैर, हाथ, स्तन

**चित्र 2.6 :** संस्थान में किण्वन (फर्मेंटेशन के साधन)

तथा जननांग प्रभावित होते हैं। यह एक ऐसी व्याधि है जिसमें रोगी मरता नहीं, मगर बेडौल और अपाहिज हो जाता है। भारत के करीब दो करोड़ लोगों में इस रोग के लक्षण मौजूद हैं। प्रारंभिक अवस्था में इस रोग की पहचान काफी कठिन है। केंद्रीय औषधि अनुसंधान संस्थान ने एक ऐसी जांच-पेटिका विकसित की है जिससे इस रोग का किसी भी समय परीक्षण 15 मिनट में किया जा सकता है। यह त्वचा-परीक्षण एक प्रतिपिंड (एंटीबॉडी) की उपस्थिति पर आधारित है। संस्थान ने खाद्य-नमक में आयोडीन की मात्रा को पहचानने के लिए एक परीक्षण-कागज भी विकसित किया है। देश के आयोडीन की कमी वाले क्षेत्रों के लिए यह बहुत उपयोगी सिद्ध होगा।

हमारी पौराणिक कथाएं बताती हैं कि समुद्र-मंथन से जो चीजें उपलब्ध हुई थीं उनमें प्रमुख थी धन्वंतरि का अमृत के कलश के साथ प्रकट होना। वस्तुतः यह मान्यता बहुत पुरानी है कि सागरों में ऐसी कई औषधियां मौजूद हैं जो मनुष्य को स्वास्थ्य व दीर्घ जीवन प्रदान कर सकती हैं, इस समय देश के 10 संस्थान समुद्र से प्राप्त हो सकने वाली औषधोपयोगी वस्तुओं के अनुसंधान में जुटे हुए हैं। केंद्रीय औषधि अनुसंधान में जुटे हुए हैं। केंद्रीय औषधि अनुसंधान संस्थान समुद्र से प्राप्त होने वाली औषधियों के इस राष्ट्रीय कार्यक्रम को समन्वित करता है।

संस्थान ने भारतीय औषधि उद्योग के साथ अच्छा सम्पर्क बनाए रखा है। संस्थान को कई राष्ट्रीय और अंतरराष्ट्रीय एजंसियों से सहयोग मिलता है, आर्थिक सहायता मिलती है। औषधियों और औषध-रसायनों के बारे में तकनीकी सूचनाएं देने के लिए संस्थान में एक राष्ट्रीय सूचना केंद्र की भी स्थापना की गई है। संस्थान में 18 अनुसंधान विभाग हैं, जिनमें पी-एच.डी स्तर के विशेष प्रशिक्षण के लिए भी सुविधाएं उपलब्ध हैं। संस्थान में कुल करीब एक हजार व्यक्ति कार्यरत हैं, जिनमें 261 वैज्ञानिक हैं।

आधुनिक औषधियों और टीकों के विकास में विभिन्न प्रजाति के जीव-जन्तु बड़े महत्व की भूमिका अदा करते हैं। यहां तक कहा जा सकता है कि ये प्रायोगिक जन्तु जैविक अनुसंधान संस्थान में, जैव प्रोद्योगिकी विभाग की सहायता से, एक 'राष्ट्रीय प्रयोगशाला जन्तु केंद्र' की स्थापना की गई है। इस केंद्र में चूहे, हेमेस्टर, खरगोश, कुत्ते, बिल्ली, गिनी पिग, वानर, पक्षी आदि जैसे 15 प्रजातियों के प्रायोगिक जन्तु मानक वातावरण में पाले जाते हैं। यहां इनके प्रजनन और रखरखाव के लिए समुचित सुविधाएं उपलब्ध हैं। मानव समुदाय के स्वास्थ्य की रक्षा के लिए अपना जीवन समर्पित करने वाले इन जन्तुओं के प्रति कृतज्ञता और करुणा का भाव रखना हमारा परम कर्तव्य है।

अध्याय-3

# देश की समृद्धि में राष्ट्रीय रासायनिक प्रयोगशाला
(पुणे)

भारत में आधुनिक रसायन-विज्ञान की स्थापना का श्रेय आचार्य प्रफुल्लचंद्र राय (1861-1944) को है। उन्होंने इंग्लैंड के एडिनबरा विश्वविद्यालय में छह साल तक अध्ययन-अन्वेषण करके डी. एस-सी. की उपाधि प्राप्त की थी। भारत लौटने पर कलकत्ता (कोलकाता) के प्रेसीडेंसी कालेज में उन्हें रसायन के सहायक प्राध्यापक का पद मिला, वह भी काफी कठिनाई से। वह भारत में अंग्रेजी शासन का जमाना था।

आचार्य प्रफुल्लचंद्र राय एक आदर्श अध्यापक थे। उनके विद्यार्थी उन्हें 'आचार्यदेव' कहकर संबोधित करते थे। नीलरतन धर, सत्येन्द्रनाथ बसु, मेघनाद साहा, पंचानन नियोगी, यतींद्रनाथ सेन जैसे चोटी के वैज्ञानिक उनके विद्यार्थी थे। स्वतंत्र भारत में राष्ट्रीय प्रयोगशालाओं की नींव रखने वाले शांतिस्वरूप भटनागर ने यतींद्रनाथ सेन की देख-रेख में बाद में खोज कार्य किया था, इसलिए आचार्य राय उन्हें अपना 'रासायनिक प्रशिष्य' मानते थे।

आचार्य राय के सहज, सरल और सादगी-भरे जीवन का क्या कहना! इंग्लैंड से लौटकर भारत की भूमि पर पैर रखते ही पहले काम किया—यूरोपीय वेषभूषा त्यागकर धोती व चादर के परम्परागत बंगाली पहनावे को अपना लिया। आजन्म अविवाहित रहे। अपने ऊपर बहुत कम खर्च करते थे। अपनी कमाई का अधिकांश हिस्सा उन्होंने विद्यार्थियों के लिए और सार्वजनिक कार्यों के लिए खर्च किया। गांधीजी

**चित्र 3.1 :** आचार्य प्रफुल्लचंद्र राय (1861-1944 ई.)

ने एक बार कहा भी था कि प्रफुल्लचंद्र प्रतिमाह 1000 रुपए कमाते हैं, परंतु अपने ऊपर केवल 40 रुपए खर्च करते हैं।

आचार्य राय आजादी के आंदोलन से अलग-थलग नहीं रहे। गोपाल कृष्ण गोखले से उनकी अच्छी मित्रता थी। गोखले के जरिए ही गांधीजी से उनका परिचय हुआ था। कलकत्ता (कोलकाता) में गांधीजी की पहली सार्वजनिक सभा का आयोजन आचार्य राय ने ही किया था। वे कहते भी थे–"विज्ञान इंतजार कर सकता है, मगर स्वराज्य नहीं।"

आचार्य राय ने 1896 ई. में पारे के एक लवण **मर्क्यूरिस नाइट्रेट** की खोज की, तो उनकी कीर्ति सारे रासायनिक जगत में फैल गई। यूरोप के रसायनज्ञ उन्हें 'नाइट्राइटों का आचार्य' कहने लगे। विशेष बात यह है कि आचार्य राय का मर्क्यूरिस नाइट्रेट से संबंधित शोध-निबंध 'नेचर' जैसी विज्ञान की किसी प्रतिष्ठित यूरोपीय पत्रिका में नहीं, बल्कि एशियाटिक सोसायटी ऑफ बंगाल (कलकत्ता) की पत्रिका में प्रकाशित हुआ था। तब 'नेचर' ने लिखा था–"एशियाटिक सोसायटी का यह जर्नल रासायनिक प्रयोगशालाओं में प्रायः देखने को नहीं मिलता, मगर बंगाली रसायनज्ञ डॉ. प्रफुल्लचंद्र राय की गवेषणाएं इस जर्नल में प्रकाशित हो रही हैं, इसलिए इस पर अब ध्यान देना जरूरी हो गया है।"

आचार्य राय केवल अपनी रासायनिक गवेषणाओं में ही खोए नहीं रहे। उन्होंने रसायन के क्षेत्र की प्राचीन भारत की उपलब्धियों का उद्‌घाटन करने का महत्वपूर्ण कार्य हाथ में लिया और बारह साल के अथक प्रयास के अनंतर दो खंडों में **हिन्दू रसायन का इतिहास** प्रकाशित किया। इस ग्रंथ का देश-विदेश में खूब स्वागत हुआ।

आचार्य राय को यह देखकर रंज होता था कि बंगाली लोगों की व्यापार और उद्योग धंधों में कोई दिलचस्पी नहीं है, वे 'बाबू' और 'भद्रलोग' बने रहना पसंद करते हैं। आचार्य राय ने अपनी यूरोप-यात्रा में देखा था कि वहां विशुद्ध विज्ञान के साथ-साथ उपयोगी विज्ञान का भी किस प्रकार विकास किया जा रहा है। वे इस तथ्य से भी भली-भांति परिचित थे कि यदि वैज्ञानिक ज्ञान का उद्योग-व्यवसायों के लिए उपयोग नहीं किया जाता, तो इंग्लैंड में औद्‌योगिक क्रांति कदापि नहीं होती। आचार्य राय ने, छोटे पैमाने पर ही सही, एक रसायन-उद्योग चलाने का निश्चय किया।

सन् 1892 की बात है। प्रफुल्लचंद्र तब कलकत्ता की अपर कुलर रोड पर 91 नं. के किराए के एक मकान में रहते थे। अन्य कोई अनुकूल जगह नहीं मिली, तो अपने उसी मकान में उन्होंने एक रसायन कारखाने की नींव डाली, सिर्फ 800

रुपए की पूंजी से। छोटी-सी जगह और थोड़ी-सी पूंजी से 1892 ई. में आचार्य राय द्वारा स्थापित वह कारखाना आज देश-विदेश में **बेंगाल केमिकल एण्ड फर्मास्यूटिकल वर्क्स लिमिटेड** के नाम से मशहूर है।

'बेंगाल केमिकल्स' निरंतर प्रगति करता गया। आज देश के कई नगरों में इसकी शाखाएं हैं। सन् 1937 में कारखाने के साथ एक अनुसंधान प्रयोगशाला स्थापित की गई, जिसमें नई-नई औषधियों की खोज होती रही। अभी हाल ही में बेंगाल केमिकल्स ने एक ऐसा एंटीसीरम तैयार किया है जो चार प्रकार के जहरीले सांपों के विष के विरुद्ध प्रभावकारी साबित हुआ।

ऊपर मैंने आचार्य प्रफुल्लचंद्र राय के योगदान की कुछ विस्तृत चर्चा की है, तो मेरा मकसद था—आज के पाठकों को यह बताना कि विदेशी शासन की प्रतिकूल परिस्थितियों में भी आचार्य प्रफुल्लचंद्र राय जैसे चोटी के वैज्ञानिक ने अपनी गवेषणाएं भारतीय पत्रिकाओं में प्रकाशित करके किस प्रकार अपार कीर्ति अर्जित की, किस प्रकार थोड़ी-सी पूंजी से एक रासायनिक कारखाने की नींव डाली और फिर उसी कारखाने में एक अनुसंधान संस्थान भी स्थापित कर दिया। आचार्य राय द्वारा रोपा गया रसायन व औषधि विज्ञान का वह छोटा-सा स्वदेशी पौधा आज एक विशाल वृक्ष बन गया है।

देश के आजाद होने पर भारतीय विज्ञान को एक नए किस्म का नेतृत्व मिला। सब कुछ बड़े पैमाने

### प्रयोगशाला की प्रौद्योगिक विधियां

राष्ट्रीय रासायनिक प्रयोगशाला में विकसित प्रौद्योगिक विधियों की जानकारी व्यापारिक उत्पादन के लिए प्रीमियम और रायल्टी के आधार पर उद्यमियों और उद्योगों को उपलब्ध कराई जाती है। प्रयोगशाला में विकसित इन विधियों में से कुछ प्रमुख विधियों की सूची यहां दी जा रही है, इन विधियों की प्रौद्योगिक जानकारी नेशनल रिसर्च डवलपमेंट कारपोरेशन से उपलब्ध है।

1. एंडोसल्फान
2. इथिफोन
3. इथियोन
4. इथइलीन डाइअमीन
5. सिमेजीन और एट्रेजीन
6. थियोफिलीन, एमीनोफिलीन और कैफीन
7. विटामिन बी$_6$

इनमें एंडोसल्फान एक कीटाणुनाशक है जो फलों, सब्जियों और सजावटी पौधों के लिए हानिकारक जीवों के नियंत्रण के लिए प्रभावी है, इथाइलीन डाइअमीन एक कार्बनिक रसायन है, यह वल्कलीकृत रबड़ के उत्पादन में फोटोग्राफी के लिए उपयोगी रसायन, वस्त्र फिनिश करने के रसायन, कीटनाशी और रेजिन उत्पादन में एक माध्यमिक रसायन के रूप में उपयोगी है।

थियोफिलीन हृदय के लिए एक उत्प्रेरक के रूप में और दमे के उपचार में उपयोगी है। अमीनोफिलीन और कैफीन इसी से प्राप्त रसायन है और औषध उत्पादन में उपयोगी है। विटामिन बी$_5$ (पाइरिडौक्सीन हाइड्रोक्लोराइड) रक्ताल्पता और स्नायु दुर्बलता जन्य बिकारों में उपयोगी है। यह बी वर्ग के अन्य विटामिनों के साथ प्रयुक्त किया जाता है।

पर सोचा जाने लगा। बड़े-बड़े उद्योगों को बढ़ावा देने के प्रयोजन से बड़ी-बड़ी प्रयोगशालाएं स्थापित की जाने लगीं। यूरोप की प्रयोगशालाओं के अनुकरण पर भारत में विविध विषयों की प्रयोगशालाओं के भव्य भवन सजने लगे। आजादी के तुरंत बाद **वैज्ञानिक तथा ओद्‌योगिक अनुसंधान परिषद** के अंतर्गत सबसे पहले जिन चंद प्रयोगशालाओं की स्थापना हुई, उनमें से एक है **इथाइलीन डाइअमीन** पुणे स्थित **राष्ट्रीय रासायनिक प्रयोगशाला**, जिसकी स्थापना 1947 में हुई थी। इसके अर्ध-निर्मित भवन में ही 1949 में अनुसंधान-कार्य शुरू हो गया था। इस प्रकार, हम देखते हैं कि इस राष्ट्रीय रासायनिक प्रयोगशाला में पिछले करीब पांच दशकों से अनुसंधान-कार्य होता आ रहा है। यह भी ध्यान में रखना जरूरी है कि इन राष्ट्रीय प्रयोगशालाओं / संस्थानों में सरकार का यानी जनता का काफी अधिक धन खर्च हुआ है, हो रहा है।

मैं पुणे स्थित राष्ट्रीय रासायनिक प्रयोगशाला पहुंचा, तो उसके विस्तार, उसकी भव्यता और साज-सज्जा को देखकर चकित रह गया। सबसे पहले प्रयोगशाला के प्रशासन-नियंत्रक महोदय से मिला, अपना उद्देश्य उनके सामने रखा–"आपकी प्रयोगशाला में हुए/हो रहे अनुसंधान-कार्य का परिचय प्राप्त करके उसे आम जनता की जानकारी के लिए हिंदी में प्रस्तुत करना चाहता हूं।"

**चित्र 3.2 :** राष्ट्रीय रासायनिक प्रयोगशाला (एन.सी.एल.) पुणे

**चित्र 3.3 :** एन.सी.एल. का स्वचालित व कम्प्यूटर-नियंत्रित 'ग्रीन हाउस'

प्रशासन-नियंत्रक का सपाट उत्तर मिला, "हमारे यहां आम जनता के लिए कुछ नहीं है, हमारा सरोकार इंडस्ट्री से है।" सुनकर धक्का-सा लगा, उन्हें समझाने में कुछ समय लगा। अंततः वे समझ भी गए और उनका पर्याप्त सहयोग भी मिला, आजकल प्रयोगशालाओं और उद्योगों के गठबंधन पर ज्यादा बल दिया जा रहा है और पुणे की राष्ट्रीय रासायनिक प्रयोगशाला (एन.सी.एल.) दूसरी राष्ट्रीय प्रयोगशालाओं से इस मामले में कुछ आगे है, शायद इसलिए भी प्रशासन-नियंत्रक से उपर्युक्त एकांगी उत्तर प्राप्त हुआ। वैसे, इन संस्थानों में प्रशासन-नियंत्रक के पद की बड़ी महत्ता है। आप वैज्ञानिक नहीं हैं और स्टोरकीपर के पद से शुरू करते हैं, तब भी इन वैज्ञानिक संस्थानों में प्रशासन नियंत्रक के उच्च पद पर पहुंच सकते हैं। इस पद की इन्हीं संस्थानों में कार्य करने वाले हिंदी अधिकारी के पद से तुलना करना एक दिलचस्प अध्ययन होगा।

सुना था, पढ़ा भी था, कि यहां एन.सी.एल. में पादप ऊतक संवर्धन (प्लांट टिश्यू कल्चर) का एक विभाग है, जिसकी काफी ख्याति है। कुछ साल पहले यहां के तीन वैज्ञानिकों—डा. एंटोनी मस्करनस, डा. रजनी नाडगौडा और श्रीमती वर्षा परशरामी—ने प्रयोगशाला में चंद सप्ताहों के भीतर बांस को फुलाने में सफलता प्राप्त की थी। उनकी इस अनोखी उपलब्धि की देश-विदेश में खूब चर्चा हुई थी। इसलिए प्रशासन-नियंत्रक महोदय के यहां से मैं सीधे पादप ऊतक संवर्धन प्रयोगशाला में

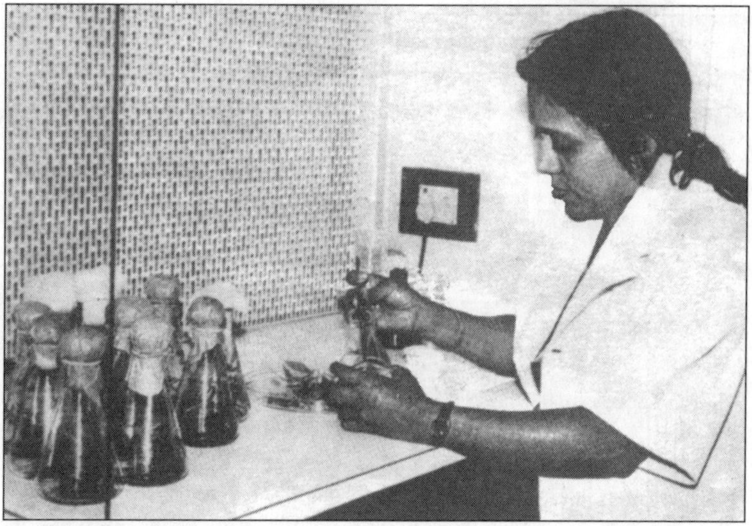

**चित्र 3.4 :** डॉ. रजनी नाडगौडा–प्रयोगशाला में बांस का ऊतक संवर्धन करते हुए

डॉ. रजनी नाडगौडा के पास पहुंचा। उनसे मेरा पहला ही सवाल था–"आपकी यह खोज आम जनता के लिए उपयोगी है या उद्योग-व्यवसाय के लिए?" डॉ. रजनी नाडगौडा का बेहिचक उत्तर था–"देश की आम जनता के लिए।"

मनुष्य पुरातन काल से बांस का उपयोग करता आ रहा है। जन्म से लेकर मृत्यु तक बांस मनुष्य के लिए तरह-तरह से उपयोगी बनता है। घर बनाने में बांस का उपयोग होता है। बांस से तरह-तरह की टोकरियां बनती हैं। बांस से लुगदी व कागज भी बनता है। संक्षेप में कहा जाए, तो बांस गरीब के लिए 'सोने की काठी' है।

मगर बांस एक अद्‌भुत महातृण है, यह हर साल नहीं फूलता। बांस की अलग-अलग जातियों को फूलने के लिए 12 से लेकर 120 वर्ष तक का लंबा समय लगता है। बांस तेजी से बढ़ता है। कभी-कभी तो इसकी वृद्धि को प्रत्यक्ष देखा जा सकता है। जब बांस आठ-दस मीटर ऊंचे हो जाते हैं, तभी फूलते हैं, और उसके बाद

**चित्र 3.5 :** पात्र में बांस का फूलना

उनकी जीवन-लीला समाप्त हो जाती है, यही वजह है कि संकरण के जरिए बांस की प्रजातियों में सुधार कर पाना संभव नहीं हुआ है।

एन.सी.एल. के वैज्ञानिकों ने विभिन्न रसायनों का एक पोषक मिश्रण तैयार किया और उसमें नारियल के दूध को भी मिलाया। फिर ऊतक संवर्धन के तरीकों को अपनाकर उन्होंने उस पोषक मिश्रण के जरिए बांस की तीन प्रजातियों को 30 सप्ताह के भीतर पुष्पित करने में सफलता प्राप्त की। यह एक महान उपलब्धि थी। विज्ञान की प्रसिद्ध पत्रिका **नेचर** में इस खोज का विवरण प्रकाशित हुआ और वैज्ञानिक जगत में इसकी काफी चर्चा हुई।

**चित्र 3.6 :** बांस को प्रत्यक्ष बढ़ते देखना

आजकल बांस का सबसे ज्यादा इस्तेमाल कागज उद्योग में होता है। बांस की करीब एक हजार प्रजातियों में से लगभग 120 प्रजातियां भारत में पाई जाती हैं। भारत में करीब एक करोड़ हेक्टेयर क्षेत्र में बांस की पैदावार होती है। अब एन.सी.एल. की खोज को आगे बढ़ाना, इसे व्यापक रूप से व्यावहारिक बनाना जरूरी है। इस खोज का उपयोग करके अब तेजी से बढ़ने वाले, रोगमुक्त और अधिक मजबूत बांसों का विकास किया जा सकता है। आगे प्रयास जारी रहे तो अब बड़ी मात्रा में बांस के बीज प्राप्त करने में कोई कठिनाई नहीं है।

एन.सी.एल. ने ऊतक संवर्धन तकनीक से और भी कई किस्म के पौधों में सुधार किए हैं। महाराष्ट्र में ज्यादा तादाद में पैदा किए जाने वाले **सीओ-740** नामक गन्ने को रोगमुक्त करके उसकी पैदावार बढ़ाई। साथ ही, एक ही गन्ने से कई हजार पौधे प्राप्त करने का तरीका खोज निकाला। इसी तरह, एन.सी.एल. के वैज्ञानिकों ने ऊतक संवर्धन की तकनीक से इलायची, हलदी, अदरक, अनार आदि की पैदावार बढ़ाने के उपाय भी खोजे हैं।

वर्तमान सदी के आरंभ से रासायनिक उद्योगों में उत्प्रेरकों (केटेलिस्ट) का अधिकाधिक उपयोग होता आ रहा है। उत्प्रेरक ऐसे पदार्थ होते हैं जो रासायनिक प्रक्रियाओं की रफ्तार को कम-ज्यादा करते हैं, मगर उनमें खुद में अंततः कोई

परिवर्तन नहीं होता। उत्प्रेरकों का उपयोग करने से कई सारे नए पदार्थों का इस्तेमाल करना संभव हुआ है और हाइड्रोजन, नाइट्रोजन, कार्बन मोनोक्साइड, मीथेन, एथीलीन आदि से कई सारी जटिल चीजें प्राप्त की गई हैं।

एन.सी.एल. के वैज्ञानिकों ने 'जिओलाइट' नामक एक नए वर्ग के उत्प्रेरकों पर एक दशक से भी अधिक अवधि तक शोधकार्य किया है। यहां कई सारे जिओलाइट का विकास किया गया है जिनमें से कुछ एकदम नए हैं। 'आणविक छलनियों' के रूप में पहचाने जाने वाले इन जिओलाइट उत्प्रेरकों का कई सारी पेट्रो-केमिकल प्रक्रियाओं में इस्तेमाल होता है। एन.सी.एल. के वैज्ञानिकों ने जिन जिओलाइट उत्प्रेरकों का विकास किया है उन्हें **एनसीलाइटेस-1, एनसीलाइटेस-2** जैसे नाम दिए गए हैं (एन.सी.एल. के नाम पर) उदाहरण के लिए, एनसीलाइटेस-2 उत्प्रेरक का उपयोग एथिल ऐल्कोहॉल और बेंजिन से एथिलबेंजिन तैयार करने में होता है। एन. सी.एल. में दूसरे तरह के भी कुछ उत्प्रेरक तैयार किए गए हैं।

पेट्रोल को प्राप्त करना दिनोंदिन अधिक कठिन होता जा रहा है। एथानॉल (एथिल ऐल्कोहॉल) एक ऐसी चीज है जिसका वाहनों में पेट्रोल के स्थान पर उपयोग हो सकता है। किण्वन प्रक्रिया (फर्मेन्टेशन) के जरिए गन्ने के सीरे से एथानॉल तैयार हो सकता है। एन.सी.एल. के वैज्ञानिकों ने 'एनसीलियम' नामक एक विशिष्ट खमीर (यीष्ट) का उपयोग करके सीरे के सतत किण्वन से एथानॉल प्राप्त करने की नई विधि खोज निकाली है। 'एनसीलियम' एक ऐसा विशिष्ट यीष्ट है जो उत्प्रेरक को रिएक्टर में कायम रखता है और उसे पुनः उपयोग में लाने लायक बनाता है। इसलिए सीरे को कई माह तक एथानॉल में सतत परिवर्तित करते रहना संभव हुआ है। इस विधि से एथानॉल के उत्पादन में 15 से 20 प्रतिशत तक वृद्धि होती है।

इस प्रयोगशाला में बहुलक (पॉलीमर) के बारे में शुरू से ही काफी व्यापक शोधकार्य होता आ रहा है। पॉलीमर यानी बहुलक छोटे-छोटे अणुओं की शृंखलाओं से निर्मित बड़े अणु होते हैं। दैनंदिन व्यवहार से लेकर उच्च टेक्नालॉजी के क्षेत्र तक अब पॉलीमर—वस्तुओं का उपयोग हो रहा है। इन्हें सांचों में ढाला जा सकता है, ये हल्के होते हैं और इन्हें इच्छित यांत्रिक गुणधर्म प्रदान किए जा सकता हैं। ये टिकाऊ तो होते ही हैं, रासायनिक दृष्टि से अक्रिय भी होते हैं। विविध प्रकार के प्लास्टिक, कृत्रिम धागों से निर्मित वस्तु पीवीसी आदि पॉलीमर ही हैं। आयतन की दृष्टि से अब पॉलीमर का उत्पादन धातुओं से भी ज्यादा होने लगा है। हम सही अर्थ में अब पॉलीमर युग में प्रवेश कर चुके हैं।

लेकिन भारत में प्लास्टिक का उपयोग अब भी काफी कम हो रहा है। जहां

विश्व की प्रति व्यक्ति औसत खपत 11 किलो है, वहां भारत में प्रति व्यक्ति केवल 0.5 किलो है। भारत में प्लास्टिक उद्योग के बारे में आम जनता की समझ यह है कि उससे बकेट, मग और जूतों जैसी चीजों का ही उत्पादन होता है। मगर वस्तुस्थिति यह है कि पॉलीमर से अब बहुत-सारी, विविध गुणधर्मों वाली चीजें बनती हैं, जिनका उच्च टेक्नालॉजी में व्यापक इस्तेमाल होता है। नए-नए पॉलीमर विकसित किए जा रहे हैं। एन.सी.एल. का पॉलीमर रसायन विभाग शुरू से ही इस काम में जुटा हुआ है। यहां 20 से भी अधिक पॉलीमर प्रोसेस विकसित किए गए हैं और उन्हें उद्योगों को सौंपा गया है।

रबड़ प्राकृतिक रूप से तैयार होता है और कृत्रिम विधि से भी दुनिया-भर में आज प्रतिवर्ष जितने रबड़ की खपत होती है (करीब 1.3 करोड़ टन) उसमें दो-तिहाई हिस्सा कृत्रिम या संश्लेषित रबड़ का होता है। देश में संश्लेषित तरीके से तैयार होने वाले तीन प्रकार के रबड़ों में से एक का नाम है **नाइट्राइल रबड़**, एन.सी.एल. के वैज्ञानिकों ने पॉलीमर-आधारित एक विशिष्ट प्रकार के नाइट्राइल रबड़ का विकास किया है और इसे **केमाप्रेन** का व्यापारिक नाम दिया है। अब इस किस्म के कृत्रिम रबड़ के उत्पादन के लिए देश में एक कारखाना भी है।

एन.सी.एल. के वैज्ञानिकों ने एक ऐसा पॉलीमर भी विकसित किया है जो काफी अधिक पानी सोखने की क्षमता रखता है। इसे **जलशक्ति** का नाम दिया गया है। **जलशक्ति** पॉलीमर की एक ग्राम मात्रा 100 से लेकर 1000 ग्राम तक पानी सोख सकती है, उसे धारण करके रख सकती है। जाहिर है कि कृषि, बागवानी, वानिकी और सूखे क्षेत्र की खेती में इसका बड़ा उपयोग हो सकता है। इसके देश के विभिन्न भागों में डेढ़ सौ से अधिक खेतों में प्रयोग भी किए गए हैं। पता चला कि **जलशक्ति** के उपयोग से 10 से 40 प्रतिशत तक उत्पादन बढ़ता है। जहां पानी की न्यूनता है, वहां जलशक्ति का कारगर उपयोग हो सकता है। सैनेटरी नेपकिन, अस्पतालों के बिस्तर आदि के लिए भी इस जल-अवशोषक पॉलीमर का उपयोग हो सकता है।

पैर को भारी क्षति पहुंचने पर जब काट दिया जाता है, तो उसकी जगह 'जयपुर फुट' लगाया जाता है। कृत्रिम 'जयपुर फुट' वूड लेमिनेट और सूक्ष्म कोशिकीय रबड़ खंडों से बनाया जाता है। इसके निर्माण में काफी श्रम लगता है और समय भी ज्यादा लगता है। मगर एन.सी.एल. ने एक ऐसा ज्यादा समय तक टिकने वाला पोलीयूरेथेन फोम का निर्माण किया है जो वूड लेमिनेट का स्थान ले सकता है। इस तरह से बना नया पैर हलका तो होता ही है, 'जयपुर-फुट' से अधिक आरामदेह भी होता है।

एन.सी.एल. में दवाओं के विकास का भी कार्य होता है। यहां कई तरह की दवाओं का निर्माण हुआ है। **विटामिन बी$_6$** तैयार करने की यहां एक नई विधि से दवाओं का निर्माण होता है, खोजी गई अंकलेश्वर की लुपिन लेबोरेटरीज में अब एन.सी.एल. की इसी विधि से विटामिन बी$_6$ का निर्माण होता है। यहां दुनिया में आज सबसे ज्यादा बिकने वाली **रेवीटाइडाइन** नामक दवा के निर्माण का भी एक नया तरीका खोजा गया है। यहां कीटनाशकों पर भी काम होता है। कीटनाशकों में 'मिक' जैसी विषैली गैस का प्रयोग करने से ही भोपाल के कारखाने में भयानक दुर्घटना हुई थी। एन.सी.एल. ने एक ऐसा सुरक्षित कीटनाशक तैयार किया है जिसमें मिक तथा फोसजन का प्रयोग नहीं होता।

**चित्र 3.7 :** विटामिन बी$_6$ के निर्माण का संयंत्र

नीम हमारे देश का एक मशहूर पेड़ है जो सारे देश में पाया जाता है और पुरातन काल से इसके उत्पादों का कीटनाशकों तथा कई तरह के घरेलू उपचारों में व्यापक इस्तेमाल होता आ रहा है। एन.सी.एल. ने नीम से **नीमरिच** नामक एक कारगर कीटनाशक का विकास किया है। मगर इधर के वर्षों में अब अमेरिकी कंपनियां भी हमारे नीम में गहरी दिलचस्पी ले रही हैं। एक अमेरिकी कंपनी ने नीम से एक कीटनाशक तैयार करके उसका पेटेंट भी ले लिया है, जिसका मतलब यह है कि आगे जाकर हम नीमरिच-जैसे अपने उत्पादों को विश्व-बाजार में बेच नहीं पाएंगे। औषधोपयोगी हमारी हजारों वनस्पतियों और जड़ी-बूटियों का भी शायद यही हाल होगा। भविष्य के इस भयावह संकट पर गंभीरता से विचार करना जरूरी है।

एन.सी.एल. का विस्तार, इसके भवन, इसकी व्यवस्था, यहां उपलब्ध साधन-सुविधाएं—सब कुछ भव्य स्तर का है। अतः इसे भारत की एक सबसे उन्नत प्रयोगशला माना जाता हो तो इसमें आश्चर्य की कोई बात नहीं है। संस्थान में करीब 1300 व्यक्ति कार्यरत हैं, जिनमें 500 से अधिक वैज्ञानिक हैं, यहां ग्रंथालय में करीब एक लाख पुस्तकें हैं और यहां करीब 600 पत्रिकाएं आती हैं। ग्रंथालय में ही रसायन तथा रसायन प्रौद्योगिकी के लिए राष्ट्रीय सूचना केंद्र स्थापित है। यह केंद्र अन्तरराष्ट्रीय सूचना केंद्रों से जुड़ा हुआ है। उद्योग तथा शैक्षणिक संस्थान

इसका व्यापक उपयोग करते हैं।

देश की अन्य कई राष्ट्रीय प्रयोगशालाओं की तुलना में एन.सी.एल. की स्थिति काफी बेहतर है। प्रयोगशाला ने उद्योगों के साथ काफी अच्छे संबंध स्थापित कर लिए हैं, यह प्रयोगशाला जनरल इलेक्ट्रिक, सीबा-गेइगी, दुपॉ, और ईस्टमैन कलर जैसी प्रख्यात विदेशी कंपनियों के साथ भी सहकार्य कर रही है। यहां के वैज्ञानिकों ने चीन की एक योजना के लिए तकनीकी परमर्श- दाता की भी भूमिका अदा की है। यही सब कारण है कि यह प्रयोगशाला अपने बजट का काफी हिस्सा, करीब साठ प्रतिशत, अपनी रायल्टियों, अपनी विधियों और उद्योगों को दी जाने वाली अपनी विशिष्ट सेवाओं से प्राप्त करती है।

चित्र 3.8 : एन.सी.एल. के कुछ पॉलीमर उत्पाद : जयपुर फुट, वाटर प्रूफिंग यौगिक (डिब्बे में), स्कूटर के लिए रोटर-पंखा, आदि।

एन.सी.एल. के प्रयास अनुकरणीय हैं। जून 1995 तक **डा. रघुनाथ अनंत माशेलकर** इस प्रतिष्ठित प्रयोगशाला के निदेशक थे। अब वे वैज्ञानिक तथा औद्योगिक अनुसंधान परिषद के महानिदेशक हैं। आशा रखनी चाहिए कि वे सी.एस.आई.आर. की दूसरी प्रयोगशालाओं को भी कम से कम एन.सी.एल. के स्तर पर लाने की भरपूर कोशिश करेंगे। मगर यह आसान काम नहीं है। आज भारत में उन्नत देशों की टेक्नालॉजी को जिस तरह मुक्त प्रवेश व प्रश्रय मिल रहा है उसे देखते हुए यह आवश्यक हो जाता है कि हमारी प्रयोगशालाओं के वैज्ञानिक अपने शोधकार्य के स्तर को काफी अधिक ऊंचा उठाएं। इसके लिए देश के शासकों और अर्थशास्त्रियों को भी नए सिरे से सोचना होगा। राष्ट्रीय प्रयोगशालाओं/संस्थानों के लिए एक नई सुदृढ़ वैज्ञानिक नीति की अत्यावश्यकता है। यह नीति बनाते समय हमें आचार्य प्रफुल्लचंद्र राय जैसे आजादी के पहले के हमारे वैज्ञानिकों के प्रयासों का और उनके सपनों का भी अवश्य स्मरण कर लेना चाहिए।

अध्याय-4

# चर्म कर्म प्रौद्योगिकियों के विकास में अग्रणी केंद्रीय चमड़ा अनुसंधान

(चैन्नई)

गांव में उसकी अपनी एक अलग ही पहचान थी। दुबला-पतला शरीर, छह फुट से भी कुछ अधिक ऊंचा कद। मुश्किल से घुटनों तक पहुंचने वाली मटमैली धोती, और उसके ऊपर वैसा ही बिना बटनों का कुरता। सिर पर होती थी फटी-पुरानी गुलाबी रंग की पगड़ी। हमेशा प्रसन्नवदन।

उसका नाम इसन्या था। सारे गांव में इस नाम का कोई दूसरा आदमी नहीं था। इसलिए बचपन में भी यह नाम मेरे लिए काफी कुतूहल का विषय रहा है। तब इस नाम की व्युत्पत्ति मेरे लिए एक पहेली थी। आज सोचता हूं, तो लगता है कि इसन्या नाम विश्वनाथ से बना होगा। मगर बचपन से उसे माता-पिता से सीधे विश्वनाथ नहीं, विसन्या ही नाम मिला होगा, जो सहज ही इसन्या में बदल गया। भारत की अंत्यज जातियों को संस्कृत के अध्ययन की जिस तरह इजाजत नहीं थी, उसी तरह शुद्ध संस्कृत नाम धारण करने की भी इजाजत नहीं थी शायद।

इसन्या हमारे गांव का चांभार (चर्मकार) था। दूसरे घरों से कुछ अलग-थलग गांव के पश्चिमी छोर पर था इसन्या का खपरैल का घर। ओसारे में बैठकर वह जूते, चप्पलें, मोटे (सिंचाई के वास्ते कुओं से पानी निकालने के लिए इस्तेमाल होने वाला चमड़े का एक प्रकार का बड़ा-सा थैला) आदि की मरम्मत में जुटा रहता था। कभी-कभार नई चप्पलें भी बनाता था। मगर उसे खुद जूते या चप्पलें पहने मैंने कभी नहीं देखा।

बचपन में इसन्या के यहां जाने और दिलचस्प बातें सुनने के अवसर तो बहुत मिले, मगर उसके घर के पिछवाड़े में झांकने के मौके दो-चार बार ही मिले होंगे। उधर काफी खुली जगह थी, गंदगी भी और बदबू भी। वहां पानी के दो-तीन बड़े नांद थे, जिनमें ढोर की खाल डुबोई जाती थी। जहां तक याद है, नांद के उस पानी में बबूल की छाल व फलियां, इमली आदि कई चीजें मिलाई जाती थीं।

उन दिनों, आज से करीब पचास साल पहले, महाराष्ट्र के गांवों में प्रथा चली

आ रही थी कि **महार** जाति के लोग मरे हुए ढोर को गांव के बाहर ले जाकर उसकी खाल उतारते थे, मांस का प्रायः खाने के लिए उपयोग होता था और खाल चमार के पास पहुंच जाती थी, इसन्या वनस्पति की चीजों से चमड़ा कमाने की परंपरागत विधि से परिचित था। कभी–कदा शहर से भी चमड़ा ख़रीदकर लाता था।

उस समय तक महाराष्ट्र के गांवों में **बलुता** यानी एक प्रकार की जजमानी पद्धति अभी कायम थी। इसन्या को जूता, चप्पल या मोट की मरम्मत करने का नकद पैसा नहीं मिलता था। महार, बढ़ई, नाई आदि बारह बलुतेदारों में उसकी जाति का भी समावेश होता था। नई फसल निकलने पर इसन्या को भी किसानों से बलुतेदार का उसका हिस्सा अनाज के रूप में मिल जाता था।

मगर अब सब कुछ बदल गया है। महाराष्ट्र के महार अब बौद्ध हो गए हैं। मरे हुए ढोरों को उठाने का धंधा उन्होंने छोड़ दिया है। अब खालें दूसरे लोग उतारते हैं और उन्हें नजदीक के कस्बे या शहर में स्थापित छोटी या बड़ी चर्मशोधन शाला (टैनरी) में पहुंचा देते हैं, जहां अब विभिन्न रसायनों और नई मशीनों का उपयोग करके तरह-तरह का बेहतर चमड़ा तैयार किया जाता है। इसन्या के वंशज अब शहर से चमड़ा खरीद लाते हैं। और अपने काम का नकद पैसा वसूलते हैं, पिछले दिनों मैं मद्रास के **केंद्रीय चमड़ा अनुसंधान संस्थान** (सी.एल.आर.आई.) में गया और

**चित्र 4.1 :** केंद्रीय चमड़ा अनुसंधान संस्थान (सी.एल.आर.आई.) मद्रास

वहां पांच दिन रहकर चर्मशोधन से संबंधित नए साधनों और नई तकनीकों को जानकारी हासिल करता रहा, तो मुझे अपने गांव के इसन्या की खूब याद आई. लगातार सोचता रहा—काश, इसन्या भी मेरे साथ होता। चमड़ा–निर्माण की इस नई दुनिया को देखकर इसन्या मुझसे भी अधिक रोमांचित हो उठता। सी.एल.आर. आई. के निदेशक बनने पर **डा. यलावर्ती नायुडम्मा** (1922-85 ई.) ने, जो बाद में **वैज्ञानिक तथा औद्योगिक अनुसंधान परिषद्** के महानिदेशक भी बने, ग्रामीण चर्मकारों और चर्मशोधकों को अपने संस्थान से जोड़ने का बड़ा ही स्तुत्य कार्य किया था।

**चित्र 4.2 :** डा. यलाबर्ती नायुडम्मा (1922-85 ई.)

मैं तो इसन्या को सबसे पहले यही बात समझाता कि हम सब के आदिम पूर्वज 'चर्मकार' ही थे। आदिम मानव जंगली जानवरों का शिकार करता था, उनकी खालें उतारता था। खालों को वह धूप में सुखाता था। सर्दी से बचने के लिए उनसे अपना शरीर ढांपता था, तंबू भी बनाता था। फिर अचानक ही उसे पता चला कि खाल को यदि कुछ पेड़ों की छालों, फलियों तथा पत्तियों के साथ पानी में भिगोकर रखा जाए और बाद में सुखाया जाए, तो वह मजबूत और काफी टिकाऊ बनती हैं, उपयोगी चमड़े में बदल जाती है। आदिम मानव-समाज की यह एक बहुत बड़ी खोज थी। आदिम मानव-समाज

**चित्र 4.3 :** आदिम 'चर्मकार' मानव समाज

को आदिम चर्मकार-समाज भी कहा जाए, तो कोई गलत बात नहीं होगी।

चर्मकर्म बहुत पुरानी कला है, कृषिकर्म से भी प्राचीन, चमड़े से पादत्राण, अंगवस्त्र, तंबू, थैले, वाद्ययंत्र आदि वस्तुएं बहुत प्राचीन काल से बनती आ रही हैं। युद्धों में चमड़े की चीजों का खूब इस्तेमाल हुआ है। कागज की खोज के पहले चर्मपटों पर भी बहुत-सी पुस्तकें लिखी गई हैं, कुछ देशों में चमड़े का सिक्कों के रूप में भी इस्तेमाल हुआ है, फिर भी, चमड़ा-व्यवसाय वर्तमान सदी के आरंभ तक प्रमुखतः एक ग्रामोद्योग या कुटीर उद्योग ही बना रहा। भारत में तो अनेक सदियों से यह व्यवसाय एक जाति-विशेष तक ही सीमित रहा।

उन्नीसवीं सदी के अंतिम सालों से चमड़ा उद्योग में धीरे-धीरे बदलाव आता गया। यूरोप के देशों में चमड़ा कमावन के नए साधन व नए तरीके अपनाए जाने लगे, खाल से बाल उतारने के लिए सोडियम सल्फाइड का इस्तेमाल होने लगा। सन् 1890 से कमावन के लिए क्रोमियम लवणों का उपयोग आरंभ हुआ। पहले कमावन के लिए खालों को गड्ढों अथवा नांदों में डाला जाता था या उन्हें थैलों में बांधा जाता था, सन् 1904 से इटली में चर्मशोधन के लिए ढोलों (ड्रमों) का इस्तेमाल होने लगा। आधुनिक चर्मशोधनशालाओं में आज भी तरह-तरह के ढोलों का व्यापक उपयोग होता है।

**चित्र 4.4 :** ग्रामीण चर्मशोधन के लिए सी.एल.आर.आई. द्वारा विकसित हस्तचालित ढोल

भारत में पुरानी पद्धति से तैयार होने वाले जिस चमड़े का निर्यात होता था उसे **ईस्ट इंडिया लेदर** (ई.आई.) कहते थे। अधिकतर दक्षिण भारत में तैयार होने वाला यह ई.आई. चमड़ा अंग्रेजों के जरिए बाहर भेजा जाता था। कच्चे माल का भी काफी निर्यात होता था। भारत का ग्रामीण चर्म-व्यवसाय संगठित नहीं था। जो

चित्र 4.5 : एक आधुनिक चर्मशोधन शाला (टैनरी)

थोड़ी चर्मशोधनशालाएं (टैनरियां) स्थापित की गई थीं वे अंग्रेजों के नियंत्रण में थीं। मगर प्रथम महायुद्ध में चमड़े की मांग एकाएक बढ़ गई, तो भारत में चर्म-व्यवसाय की स्थिति बदलती गई। चर्मशोधन के नए साधन अपनाए जाने लगे। अंग्रेजों ने चर्मशोधन का पहला स्कूल मद्रास में 1914 में खोला। फिर कानपुर (1916), कलकत्ता (1919) और जालंधर (1934) में भी ऐसे स्कूल खोले गए। भारत में चर्म उद्योग के तेजी से विकास की बड़ी संभावनाएं थीं, मगर अंग्रेज शासकों ने इस दिशा में कोई ठोस कदम नहीं उठाया। आजादी के पहले मेरे गांव के इसन्या की जो स्थिति थी वही कमोबेश रूप में भारत के दूसरे गांवों के चर्मकारों की थी।

पशुधन के मामले में भारत संसार का सबसे सम्पन्न देश है। दुनिया के कुल पशुधन का 13.7 प्रतिशत हिस्सा अकेले भारत में है। संसार के कुल पशुधन में से भारत में भैंसें 59 प्रतिशत, गाय-बैल 15.5 प्रतिशत, बकरा-बकरी 18.8 प्रतिशत और भेड़ें करीब 4 प्रतिशत हैं। भैंसों, गाय-बैल और बकरा-बकरी की संख्या भारत में सबसे ज्यादा है। भेड़ों की संख्या के मामले में ही भारत थोड़ा पिछड़ा हुआ है। पिछले तीन-चार दशकों से भारत में भैंसों की संख्या बड़ी तेजी से बढ़ रही है। सन् 1961 में भारत में भैंसों की संख्या 7.7 करोड़ थी, जो अब 9 करोड़ पर पहुंच गई है।

देश में बड़ी संख्या में उपलब्ध खालों का समुचित उपयोग हो, चर्मशोधन में नई-नई जैविक, रासायनिक व यांत्रिक विधियां अपनाई जाएं, उन्नत चर्म प्रोद्योगिकी का प्रशिक्षण दिया जाए, चर्म-उद्योग को सहयोग दिया जाए, आदि प्रयोजनों से

मद्रास में 1953 ई. में **केंद्रीय चमड़ा अनुसंधान संस्थान** (सी.एल.आर.आई.) की स्थापना की गई। **वैज्ञानिक तथा औद्योगिक अनुसंधान परिषद्** ने आरंभ में जिन 11 राष्ट्रीय प्रयोगशालाओं की स्थापना की थी उनमें सी.एल.आर.आई. दसवीं प्रयोगशाला थी। उसी साल भारत सरकार ने एक और कारगर कदम उठाया–कच्ची खालों के निर्यात पर पाबंदी लगा दी। सी.एल.आर.आई. का भी मुख्य लक्ष्य था–बेहतर चर्मवस्तुओं के निर्माण तथा निर्यात में चर्म उद्योग को सहयोग देना।

पिछले करीब चार दशकों की कालावधि में सी.एल.आर.आई. के सहयोग से भारतीय चर्म-उद्योग ने खूब उन्नति की है। भारत से निर्यात होने वाली चीजों में चर्म तथा चर्मवस्तुओं का अब चौथा स्थान है। सन् 1951-52 में खालों तथा अर्धशोधित चमड़े का निर्यात करके 34 करोड़ रुपयों की विदेशी मुद्रा अर्जित की गई थी। मगर 1994-95 में शोधित चमड़े और चमड़े से बनी वस्तुओं का निर्यात करके करीब 4890 करोड़ रुपयों की विदेशी मुद्रा प्राप्त की गई, जो कुल अर्जित विदेशी मुद्रा का करीब 7 प्रतिशत हैं।

**भारत से चर्म और चर्मवस्तुओं का निर्यात**
**(करोड़ रुपयों में, लगभग)**

| | 1985-86 | 1988-89 | 1990-91 | 1991-92 | 1993-94 | 1994-95 |
|---|---|---|---|---|---|---|
| अर्धशोधित चर्म | 49 | 45 | 12.4 | – | – | – |
| पूर्ण शोधित चर्म | 288 | 650 | 790 | 726 | 848 | 1202 |
| चर्म पादत्राण | 33 | 130 | 281 | 431 | 641 | 883 |
| पादत्राण घटक | 190 | 426 | 573 | 663 | 795 | 692 |
| चर्म वस्त्र | 17 | 166 | 555 | 737 | 1074 | 1185 |
| चर्म वस्तुएं | 85 | 192 | ·343 | 519 | 719 | 927 |
| **कुल** | **662** | **1609** | **2563.4** | **3076** | **4077** | **4889** |

सतही तौर पर ये आंकड़े काफी प्रभावशाली प्रतीत होते हैं, मगर गहराई से देखा जाए, तो पता चलता है कि चमड़े के विश्व-व्यापार में भारत की भागीदारी बहुत कम है–केवल 3.5 प्रतिशत। भारत में पर्याप्त कच्चा माल उपलब्ध है, श्रमिकों की कमी नहीं है, उन्नत देशों की तुलना में यहां मजदूरी भी कम है, इसलिए उन्नत टेक्नोलॉजी और सरकारी सहायोग से चमड़ा उद्योग को निश्चय ही तेजी से विकसित किया जा सकता है। लक्ष्य भी निर्धारित किया गया है कि 2000 ई. तक चमड़े के विश्व-व्यापार में भारत की हिस्सेदारी 10 प्रतिशत तक पहुंच जानी चाहिए। इस लक्ष्य की प्राप्ति के लिए भारत सरकार ने जनवरी **1995 में चर्म प्रोद्योगिकी मिशन**

की स्थापना करके इसके कार्यान्वयन की जिम्मेदारी सी.एल.आर.आई. को सौंपी है।

भारत में चमड़ा-उद्योग के विकास के लिए अनुकूल परिस्थितियां मौजूद हैं। भारी लागत, ऊंची मजदूरी और प्रदूषण से संबंधित कठोर कानून के कारण पश्चिम के उन्नत देशों में अब चमड़ा-उद्योग सिमटता जा रहा है। पिछले करीब दो दशकों में एशिया के कई देशों ने चमड़ा-उद्योग में बहुत तरक्की की है, आज चमड़ा उद्योग के मामले में कोरिया, चीन, ताइवान तथा हांगकांग जैसे देश भारत से भी आगे हैं, भारत की विशेषता यह है कि चर्म उद्योग के विकास के लिए यहां पर्याप्त कच्चा माल उपलब्ध है और फिलहाल यहां मजदूरी भी उपेक्षाकृत कम है। भारत में आज छोटी-बड़ी लगभग 1100 चर्मशोधनशालाएं हैं, जिनमें से करीब 65 प्रतिशत 1961-80 ई. के दौरान स्थापित हुई हैं। देश में सबसे अधिक चर्मशोधनशालाएं तमिलनाडु (577) में हैं। क्रमशः दूसरा और तीसरा नंबर पश्चिम बंगाल (233) और उत्तर प्रदेश (147) का है। वस्तुतः पश्चिम बंगाल की सारी चर्मशोधनशालाएं कलकत्ता में हैं, कानपुर में 133 और मद्रास में 133 चर्मशोधनशालाएं हैं। चर्म उद्योग से देश के करीब 15 लाख व्यक्ति जुड़े हुए हैं।

पिछले करीब चार दशकों के दौरान भारतीय चमड़ा उद्योग का जो चहुंमुखी विकास हुआ है उसमें मद्रास के केंद्रीय चमड़ा अनुसंधान संस्थान ने काफी महत्वपूर्ण भूमिका अदा की है। इस संस्थान के योगदान की चर्चा करने के पहले संक्षेप में यह जान लेना उपयोगी होगा कि कच्ची खाल को किस तरह टिकाऊ चमड़े में बदला जाता है।

मृत पशुओं की खाल में करीब 60 प्रतिशत पानी, 35 प्रतिशत प्रोटीन (तंतुयुक्त व तंतुरहित) और शेष चरबी, कार्बोहाइड्रेट तथा खनिज लवण होते हैं। इनमें केवल तंतुमय प्रोटीन ही चमड़े में रूपांतरित होता है। खाल की बाकी चीजें अधिकतर निरुपयोगी होती हैं, तंतुमय प्रोटीन **कोलाजेन** कहलाता है और इसके विशिष्ट अणु त्रिविमितीय रचना बनाते हैं। चर्मशोधन एक ऐसी प्रक्रिया है जिसमें कोलाजेन-जाल के विशिष्ट गुणों को कायम रखकर संवर्धित किया जाता है और अनावश्यक घटकों को हटा दिया जाता है। इस प्रकार दृढ व स्थायी बना कोलाजेन-जाल (चमड़ा) जीवाणुओं के प्रभाव से सुरक्षित रहता है।

कच्ची खाल करीब चार दर्जन क्रियाओं से गुजरने के बाद ही अंततः पूर्ण तैयार चमड़े के रूप में उपलब्ध होती है। इन क्रियाओं के तीन प्रमुख विभाग हैं— शोधनपूर्व, शोधन (टैनिंग) और शोधनोत्तर। खाल को सड़ने से बचाने के लिए सबसे पहले उसमें नमक लगाया जाता है और तब उसे चर्मशोधनशाला में पहुंचाया जाता

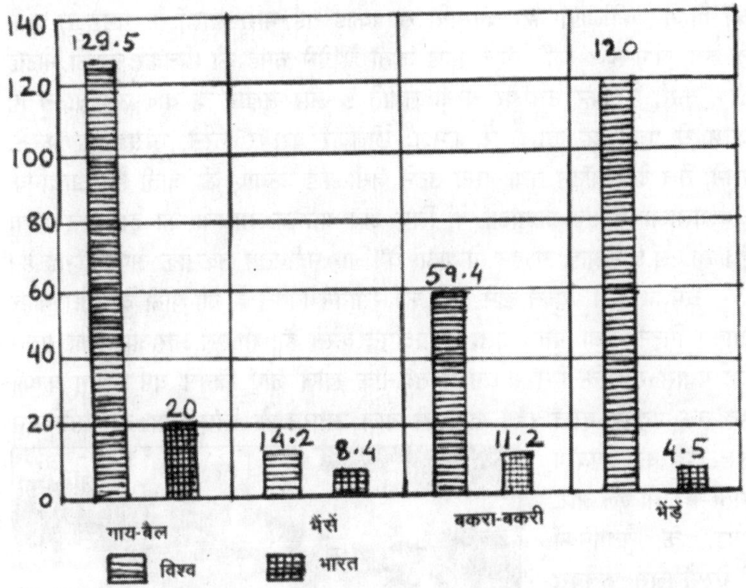


**चित्र 4.8 :** विश्व की तुलना में भारत की पशुधन-संख्या (करोड़ में लगभग)

है। शोधनपूर्व की क्रियाओं में नमक, बाल, तंतुरहित प्रोटीन, चरबी, कार्बोहाइड्रेट, मांस, गंदगी आदि को हटाया जाता है। इन क्रियाओं में चूना, सोडियम सल्फाइड, एमोनियम लवणों, एनजाइम घोलों, सोडियम क्लोराइड, सल्फ्यूरिक एसिड आदि का इस्तेमाल होता है। शोधनपूर्व क्रियाओं में काफी अधिक पानी का उपयोग होता है, इसलिए उपर्युक्त रसायनों वाला जो पानी बाहर निकलता है वह प्रदूषित होता है, आसपास के भूक्षेत्र के लिए खतरा बनता है।

खाल को पकाने या कमाने (टैनिंग) के लिए, यानी चमड़े का रूप देने के लिए, वनस्पति पदार्थों (टैनिन) या खनिजों या रसायनों का इस्तेमाल होता है। चमड़ा कमाने के लिए वनस्पति पदार्थों का उपयोग प्राचीन काल से होता आ रहा है, और आज भी होता है। खनिज पदार्थों में फिटकरी का उपयोग पुराना है और यह आज भी काम में आती है। मगर पिछले करीब सौ वर्षों से अब अधिकतर क्रोमियम लवणों से चमड़ा कमाया जाता है। क्रोम से जल्दी और बढ़िया चमड़ा तैयार होता है, और यह 'क्रोम चमड़ा' कहलाता है। अलुमीनियम और लोहे से भी चमड़े को पकाया जा सकता है।

पकी हुई खाल को उपयोग योग्य चमड़े में बदलने के लिए उस पर कई तरह

की क्रियाएं की जाती हैं। वनस्पति से पकाई गई भारी खालों के चमड़े से जूतों के तले, जीन-साज आदि चीजें बनाई जाती हैं, ऐसे चमड़े को छीलकर उसकी मोटाई ठीक करते हैं, फिर उस पर चरबी लगाते हैं और सुखाने के बाद उसे घोटते हैं, क्रोम से पकी हुई खाल पर क्रमशः छीलकर बराबर करने, एसिड दूर करने, रंगने, तेल देने, घोंटने तथा दाना उठने जैसी कई क्रियाएं की जाती हैं। आधुनिक चर्मशालाओं में इन क्रियाओं के लिए अब यांत्रिक साधनों का इस्तेमाल होता है। सी.एल.आर.आई. में इन क्रियाओं के लिए नवीनतम तकनीक अपनाई गई हैं।

चर्मशोधन में प्रयुक्त होने वाले कई रसायन विषैले हैं, जो पानी के साथ बाहर आकर मिट्टी तथा भूतल-जल को प्रदूषित करते हैं। सी.एल.आर.आई. का सतत यह प्रयास रहा कि ऐसे साधन व तकनीक खोजे जाएं जिनसे चर्म उद्योग काफी हद तक प्रदूषण-मुक्त रहे। खाल से बाल उतारने के लिए चूना और सोडियम सल्फाइड का उपयोग होता है। सी.एल.आर.आई. के वैज्ञानिकों ने **ऐस्पर्जिलस फ्लेवुस** नामक **एन्जाइम** प्राप्त किया है जिसके जरिए भेड़-बकरी की खाल से बाल निकाले जा सकते हैं, इस इन्जाइम को उन्होंने **क्लेरिजाइम** का नाम दिया है।

**चित्र 4.10 :** एन्जाइम 'क्लेरिजाइम' से की गई बाल-कढ़ाई का प्रदर्शन

सल्फाइड की तरह क्लेरिजाइम विषैला नहीं है। क्लेरिजाइम खाल को बहुत कम प्रभावित करता है और इसके उपयोग से प्राप्त होने वाले बालों को बेचकर पैसा कमाया जा सकता है। इस नई टेक्नोलॉजी के प्रदर्शन के लिए संस्थान में व्यवस्था की गई है।

चमड़ा कमावन में प्रयुक्त होने वाले क्रोमियम लवण बहुत प्रदूषणकारी होते हैं। सी.एल.आर.आई. ने **ऐल्युटैन** (एल्युमिनियम आधारित) तथा **ऐल्युक्रोटेन** (एल्युमिनियम-क्रोमियम आधारित) **संश्लेषित** एजेंट (सिन्टैन) तैयार किए हैं और इनके उत्पादन की टेक्नोलॉजी उद्योग को सौंप दी है। ये सिन्टैन क्रोम की बचत करते हैं, पर्यावरण को कम हानि पहुंचाते हैं।

चमड़ा निर्माण में, सिन्टैनों के अलावा, विविध तेलों, रंगों, बंधकों, वसा

लिकारों आदि का इस्तेमाल होता है, जिनमें से बहुत-से देश में उपलब्ध नहीं है। परंपरागत वनस्पति तेलों के स्थान पर अब अधिक मुलायम चमड़ा बनाने के लिए संश्लेषित वसा लिकारों का उपयोग होता है। सी.एल.आर.आई. ने कुछ संश्लेषित वसा लिकारों का विकास करके उनके उत्पादन की टेक्नोलॉजी

**चित्र 4.6 :** कुछ चर्मवस्तुएं – सुंदर और टिकाऊ

कंपनियों को सौंपी है। संस्थान के वैज्ञानिकों ने चमड़े के निर्माण से संबंधित और भी कई प्रौद्योगिकियां विकसित की हैं, जो भारतीय चमड़े को विश्व-बाजार में महत्व का स्थान दिलाने में मदद कर रही हैं। यहां विकसित की गई **नोवोटोन** नामक तकनीक से चमड़े के ऊपर हॉफटोन ब्लाकों से विभिन्न प्रकार के डिजाइन प्रिंट किए जाते हैं। **फोटोक्रीन** नामक एक अधिक बेहतर तकनीक के जरिए गाय-भैंस व भेड़-बकरी की खालों से बने चमड़े पर, दोनों ओर, चीता, बाघ, हरिण आदि वन्य पशुओं जैसे बहुरंगी डिजाइन बनाए जाते हैं। इनमें विविध प्रकार की आकर्षक चर्मवस्तुएं तैयार की जाती हैं।

पशु शव से खाल और मांस के अलावा और भी कई चीजें प्राप्त हो सकती हैं। बूचड़खानों से उपलब्ध हो सकने वाली ये चीजें प्रायः व्यर्थ चली जाती हैं। सी.एल.आर.आई. ने इन चीजों के उपयोग की कई सारी तकनीकें विकसित की हैं। ढोरों की अंतड़ियों से सॉसिज-खोल और शल्यक्रिया के लिए सीवन तैयार किए हैं। इनके अलावा, कोलाजेन परत, पंख भोजन, रक्त भोजन, ग़ोंद, कोलाजेन युक्त अंगराग (कॉस्मेटिक) आदि चीजें भी तैयार की हैं। जलने से निर्मित जख्मों के इलाज में कोलाजेन परतों का अच्छा उपयोग हो सकता है।

भारत में भले ही पशुओं की संख्या सबसे ज्यादा हो, मगर हमारे यहां इनका समुचित उपयोग नहीं हो पाता। बहुत-से पशु शव सड़ने के लिए यूं ही छोड़ दिए जाते हैं, उनकी खालें भी नहीं उतारी जातीं, अनुमान है कि इस तरह 1992 ई. के साल में गाय-भैंस की 75 लाख और भेड़-बकरी की 74 लाख खालें व्यर्थ चली गईं। जिन मृत पशुओं की खालें उतारी जाती हैं उनमें से अधिकतर को आज भी खुले मैदान में गिद्ध, चील व कौओं आदि के आहार के लिए छोड़ दिया जाता है। इस प्रक्रिया में पर्यावरण तो प्रदूषित होता ही है, खाल के अलावा पशुशव से प्राप्त होने वाली मांस, चरबी आदि चीजें भी व्यर्थ चली जाती हैं। इससे प्रतिवर्ष कई अरब रुपयों की हानि होती है।

मद्रास स्थित केंद्रीय चमड़ा अनुसंधान संस्थान ने पिछले कुछ वर्षों के शोधकार्य के आधार पर पशुशव के सदुपयोग की एक परियोजना तैयार की है। इसे व्यावहारिक रूप से सिद्ध करने के लिए लखनऊ के **बक्षी-का-तालाब** स्थान में प्रतिदिन तीन-चार पशु शवों को निपटाने की क्षमता वाला एक आदर्श **पशु शव उपयोग केंद्र** स्थापित किया गया है। पशु शव का समग्र उपयोग करने वाले ऐसे केंद्र अब देश के अन्य कुछ स्थानों में भी स्थापित किए जा रहे हैं, सी.एल.आर.आई. ने ग्रामीण क्षेत्र में होने वाले चर्मशोधन के लिए भी कई नए साधन विकसित किए हैं। चर्मशोधन के लिए ढोल एक बढ़िया साधन है, मगर हमारे ग्रामीण चर्मकार अभी भी गड्ढा अथवा थैला शोधन पद्धति अपनाते हैं। सी.एल.आर.आई. ने हाथ या पैर से चलने वाला एक ऐसा एफ.आर.पी. (फाइबर रीइनफोर्स्ड) प्लास्टिक ढोल तैयार किया है जिससे गीली चर्मशोधन क्रिया जल्दी सम्पन्न होती है।

सन् 1953 में स्थापित सी.एल.आर.आई. के विकास के साथ-साथ देश के चर्म उद्योग का भी तेजी से विकास हुआ है। आज देश में निर्मित 70 प्रतिशत चमड़ा निर्यात किया जाता है। यह प्रमुखतः सी.एल.आर.आई. के प्रयासों से ही संभव हुआ है। आज इसे संसार का सबसे बड़ा चर्म अनुसंधान संस्थान माना जाता है। यहां डेढ़ दर्जन से अधिक अनुसंधान दल हैं, जिससे करीब 640 व्यक्ति जुड़े हुए हैं।

चर्म और चर्मवस्तुओं से संबंधित सर्वांगीण अनुसंधान के लिए सी.एल.आर.आई. में आधुनिकतम साधन जुटाए गए हैं। त्रिविमितीय कोलाजेन की आणविक संरचना के अध्ययन के लिए यहां एनएमआर स्पक्ट्रोमीटर व इलेक्ट्रोन माइक्रोस्कोप-जैसे उन्नत साधन उपलब्ध हैं। यहां कंप्यूटर की सहायता से जूतों के डिजाइन तैयार किए जाते हैं। उद्योग इस सुविधा का लाभ उठाता है। यहां पादत्राणों के

**चित्र 4.11 :** कोलाजोन प्रोटीन अणुओं की त्रिविमितीय संरचना

परीक्षण के लिए भी एक प्रयोगशाला है जहां इनके सारे घटकों की गुणवत्ता जांची जाती है। यह एक महत्व की बात है कि देश से बाहर भेजे जाने वाले चमड़े तथा चर्मवस्तुओं की गुणवत्ता के बारे में सी.एल.आर.आई. का प्रमाणपत्र प्राप्त करना आवश्यक है।

**चित्र 4.9 :** कम्प्यूटर के जरिए जूते का डिजाइन

सी.एल.आर.आई. के बारे में एक और महत्व की बात यह है कि यहां चर्म प्रौद्योगिकी के प्रशिक्षण के लिए समुचित व्यवस्था है, बी.टेक. तथा एम.टेक. की उपाधियां अन्ना विश्वविद्यालय तथा मद्रास विश्वविद्यालय द्वारा प्रदान की जाती हैं। सी.एल.आर. आई. की प्रयोगशालाओं में अनुसंधान - कार्य करके पी-एच.डी. की उपाधियां प्राप्त की जाती हैं। यहां विदेश के विद्यार्थी भी चर्म प्रौद्योगिकी का प्रशिक्षण प्राप्त करने आते हैं।

**चित्र 4.7 :** सी.एल.आर.आई. में बी. टेक व एम. टेक के विद्यार्थी–चर्म प्रौद्योगिकी का प्रशिक्षण प्राप्त करते हुए

चर्मशोधन एक अति प्रदूषणकारी उद्योग है। सर्वाधिक प्रदूषणकारी दस उद्योगों में चर्म उद्योग शामिल है। चर्मशोधनशालाओं में करीब 250 रसायनों का इस्तेमाल होता है। इनमें से बहुत-से प्रदूषणकारी हैं। चर्म उद्योग में बहुत अधिक पानी की खपत होती है। सी.एल.आर.आई. के वैज्ञानिकों के मतानुसार एक टन खालों को शोधित करने में 30 से 40 घन मीटर पानी की आवश्यकता होती है। यही वजह है कि चर्मशोधनशालाएं अधिकतर नदी के समीप स्थापित की जाती हैं। चर्मशोधनशालाओं से छोड़े गए जल के कारण कानपुर के पास गंगा का जल और तमिलनाडु में पेलार नदी का जल काफी दूषित हुआ है। तमिलनाडु के ही उत्तर आरकोट जिले के बहुत से कुओं का जल भी चर्मशोधनशालाओं के बहिःस्राव से प्रदूषित हुआ है। सल्फाइड ही नहीं, नमक भी इस प्रदूषण में भारी योग देता है। खाल से बाल निकालने के लिए प्रयुक्त होने वाला चूना भी अंततः हानिकारक बनता है। मगर अब बाल निकालने के लिए एन्जाइमों का इस्तेमाल शुरू हो गया है।

चर्मशोधन में प्रयुक्त होने वाला सबसे खतरनाक रसायन है **क्रोमियम।** इससे हाथ व पैर पर जख्म हो जाते हैं। फुफ्फुस का कैंसर भी हो सकता है। इसलिए क्रोमियम के स्थान पर दूसरे चर्मशोधक एजेंट खोजने के प्रयास जारी हैं। सी.एल.आर.आई. के वैज्ञानिकों ने **ऐलक्रोटैन** व **ऐल्युटैन** नामक ऐसे दो एजेंट खोजे

हैं। यहां के वैज्ञानिकों ने चर्मशोधनशाला के बहिःस्राव से क्रोमियम पृथक करने और उसका पुनः इस्तेमाल करने की टेक्नोलॉजी भी विकसित की है। केंद्रीय चमड़ा अनुसंधान संस्थान ने चर्म उद्योग से होने वाले प्रदूषण तथा खतरों को कम करने के कई उपाय खोज निकाले हैं। इन उपायों को सख्ती से लागू करना अत्यावश्यक है।

मगर, शायद इतना ही आवश्यक है, आज भी, भारतीय समाज में सदियों से व्याप्त उस प्रदूषण को पूर्णतः मिटा देना जिसने चर्मकर्म से जुड़े इंसानों को 'चर्मकार' कहकर अंत्यज घोषित कर दिया था।

अध्याय-5

# खाद्य प्रौद्योगिकी के विकास में अग्रणी केंद्रीय खाद्य प्रौद्योगिकी अनुसंधान संस्थान

(मैसूर)

आजादी के बाद देश की आबादी तेजी से बढ़ी है, तो साथ-साथ खाद्यान्न उत्पादन में भी तेजी से वृद्धि हुई है। सन् 1950-51 में देश में करीब 5 करोड़ टन खाद्यान्न पैदा हुआ था, तो 1994-95 में यह संख्या 19 करोड़ टन पर पहुंच गई। कृषिभूमि का विस्तार, नए-नए बीज, रासायनिक खादों व कीटनाशकों का व्यापक इस्तेमाल, सिंचाई की सुविधाएं, नए कृषि यंत्रों का उपयोग आदि के कारण ही यह 'करिश्मा' संभव हुआ है।

खाद्यान्न उत्पादन में वृद्धि के साथ-साथ खाद्य पदार्थों के संवर्धन, संरक्षण, सदुपयोग तथा संस्करण के तरीकों में भी बहुत परिवर्तन हुए हैं। मेरे जैसे लोग, आजादी के पहले गांव के किसान परिवार में पैदा हुए, मगर आज महानगर के निवासी हैं, वे इस परिवर्तन को बहुत अधिक महसूस करते हैं।

बातें मेरे बचपन की हैं, पचास-पचपन साल पहले की, गांव में हमारे खेत थे।

**चित्र 5.1 :** केंद्रीय खाद्य प्रौद्यागिकी अनुसंधान संस्थान, मैसूर

साग-सब्जी का बगीचा भी। खाने-पीने की अधिकांश चीजें गांव में ही तैयार होती थीं। विदर्भ (महाराष्ट्र) की काली-चिकनी मिट्टी वाला वह इलाका कपास, ज्वारी, तुवर, मूंग, मोठ, उड़द, हरी-लाल मिर्च की पैदावार के लिए प्रसिद्ध था। सिंचाई के बिना ही थोड़ा-बहुत गेहूं और चना भी पैदा किया जाता था। बचपन में मैंने सोयाबीन का नाम भी नहीं सुना था।

किसान लोग साल-भर की अपनी आवश्यकता का अनाज अपने पास रखकर बाकी बेच देते थे। मुझे याद है कि दूसरे महायुद्ध के दौरान, दो-तीन साल तक, मेरे पिताजी ने अतिरिक्त ज्वारी घर के भीतर जमीन के अंदर बने पुश्तैनी धान्यकोठार (जिसे मराठी में 'पेव' कहते हैं) में डाल दी थी। हमलावरों से या जबरदस्ती की सरकारी वसूली से अनाज को बचाने का यह उपाय बहुत पुराना है।

आटा पीसने के लिए गांव में इंजन से चलने वाली केवल एक ही चक्की थी, जो सप्ताह में मुश्किल से दो-तीन दिन चलती थी। बहुत-से परिवारों में पत्थर की घरेलू हाथ चक्कियों में ही आटा पीसा जाता था, कभी-कभी हमारे घर में भी। सूजी व मैदा जैसी चीजें घर में ही बनती थीं। सिवैयां, बड़ियां, पापड़ व अचार भी घर पर ही तैयार होते थे, साल-भर के लिए। हां, मसाले की अलग-अलग चीजें, साल में दो-तीन बार, शहर से खरीद कर लाई जाती थीं।

तुवर, मूंग, उड़द आदि को दलने के लिए ज्यादातर हाथचक्कियों का ही इस्तेमाल होता था। दलहन ज्यादा हो, तो शहर की मिलों में भी भेजा जाता था। उस समय तक गांव में अभी हमें वनस्पति-घी के दर्शन नहीं हुए थे, न ही हमने उसका नाम सुना था। गांव में बैल से चलने वाला एक कोल्हू था। खेत में पैदा हुए तिल ले जाकर पिताजी वहां से तेल निकालकर ले आते थे, जो कई महीने तक चलता था। खली बैल-भैंस को खिलाई जाती थी।

गांव के चहुंओर साग-सब्जियों के कई सारे बगीचे थे। बैलों का उपयोग करके चमड़े की थैले-नुमा मोट के जरिए कुंओं से पानी निकाला जाता था। अभी उर्वरक रसायनों का इस्तेमाल नहीं होता था। इसलिए साग-सब्जियों में उनका अपना अलग-अलग विशिष्ट स्वाद अभी बरकरार था। पके लाल टमाटर खाना पसंद नहीं किया जाता था। इन्हें ढोरों को खिलाया जाता था या बिक्री के लिए शहर भेज दिया जाता था। बोतलबंद या डिब्बाबंद खाद्य वस्तुएं अभी गांवों तक नहीं पहुंची थीं।

आज से पचास-साठ साल पहले तक अधिकांश भारतीय गांवों में खाद्य सामग्री के उत्पादन व उपयोग की व्यवस्था लगभग ऊपर जैसी ही रही है। भारत में नाना

प्रकार की खाद्य वस्तुएं पैदा होती थीं। पाक कला भी उन्नत थी, परंतु खाद्य उद्योग का विकास नहीं हुआ था। भारतीय मसालों का प्राचीन काल से ही महत्व रहा है, परंतु इनका उत्पादन भी घरेलू पद्धतियों से ही होता था।

चित्र 5.2 : खाद्य सामग्री की प्रयोगशाला

वस्तुतः खाद्य पदार्थों को बड़े पैमाने पर तैयार करने वाले उद्योग की प्रगति बीसवीं सदी में ही हुई है। इसकी शुरुआत उन्नीसवीं सदी के उत्तरार्ध में अमेरिका में हुई। फिर इस उद्योग का फैलाव यूरोप के देशों में हुआ। शहरों की जनसंख्या में वृद्धि, महिलाओं का घर के बाहर के विविध काम-धंधों से जुड़ना, सैनिकों के लिए तैयार खाद्य वस्तुएं जुटाना आदि कई बातों के कारण खाद्य उद्योग की वर्तमान सदी में तेजी से वृद्धि हुई। खाद्य उद्योग का मतलब है—बड़े पैमाने पर खाद्य पदार्थ व पेय तैयार करना और उनके संरक्षण, विपणन तथा वितरण का समुचित प्रबंध करना।

भारत में खाद्य उद्योग की शुरुआत दूसरे महायुद्ध के समय हुई। उसके पहले एक विशिष्ट वर्ग के लिए बनी-बनाई कुछ चीजें (पॉल्सन बटर, बिस्कुट आदि) बाहर से आती थीं। महायुद्ध के दौरान इनका आयात बंद हो गया। तब सैनिकों तथा नागरिकों की जरूरतों के लिए ऐसी खाद्य वस्तुओं के उत्पादन के छोटे-मोटे कारखाने देश में स्थापित होने लगे। देश स्वतंत्र हुआ, लोकसंख्या बढ़ने लगी, महिलाएं घर के बाहर के काम-धंधों से जुड़ने लगीं, तो तैयार खाद्य पदार्थों की आवश्यकताएं बढ़ती गईं। विदेशी मुद्रा प्राप्त करने के लिए भी तैयार खाद्य वस्तुओं का निर्यात करना जरूरी हो गया। फलतः मूल खाद्य

चित्र 5.3 : खाद्य इंजीनियरी पाइलट संयंत्र

सामग्री के शोधन के लिए, उसके संस्कार के लिए, उससे तरह-तरह की तैयार चीजें बनाने के वास्ते देश में छोटे-बड़े कारखाने स्थापित होने लगे। खाद्य उद्योग में प्रगति होने लगी।

खाद्य उद्योगों के आर्थिक तथा तकनीकी विकास को बढ़ावा देने के लिए यह आवश्यक था कि देश में उपलब्ध खाद्य साधनों के सही और अधिकतम उपयोग के उपाय खोजे जाएं। खाद्य सामग्री के परीक्षण, संरक्षण, संसाधन आदि के लिए नई तकनीक खोजनी थीं। उपलब्ध खाद्य सामग्री से पौष्टिक और सुविधाजनक उत्पाद विकसित करने थे। इन्हीं सब आवश्यकताओं को ध्यान में रखकर **वैज्ञानिक तथा औद्योगिक अनुसंधान परिषद्** ने मैसूर में 1950 ई. में **केंद्रीय खाद्य प्रौद्योगिकी अनुसंधान संस्थान** (सेंट्रल फूड टेक्नालॉजी रिसर्च इंस्टीट्यूट—**सी.एफ.टी.आर.आई.**) की स्थापना की। संस्थान के लिए नए भवन के निर्माण की जरूरत नहीं पड़ी। मैसूर के महाराजा ने राजकुमारी चेलुवाम्बा के लिए बनवाया गया भव्य प्रासाद संस्थान को सौंप दिया, जिसके बदले में प्रतिवर्ष प्रतीक रूप में केवल एक रुपया देना पड़ता है।

आज के खाद्योपयोगी सभी प्रमुख पौधे, फल-फूल तथा साग-पात मनुष्य ने बहुत पहले खोज लिये थे। आलू, अमरूद, हरी-लाल मिर्च व मूंगफली जैसी खाद्य वस्तुएं भले ही तीन-चार सौ साल पहले ही हमारे देश में पहुंची हों, परंतु दक्षिण व मध्य अमेरिका के मूल निवासी इनका बहुत पहले से उपयोग करते आ रहे थे। जब परंपरागत खाद्य सामग्री का बड़े पैमाने पर उत्पादन होने लगा, उनसे तरह-तरह के आहार बनने लगे, उन्हें लंबे समय तक सुरक्षित रखने के उपाय खोजे जाने लगे, उनमें नए-नए पोषक तत्वों की खोज हाने लगी, तब वर्तमान सदी के आरंभ से यूरोप व अमेरिका में खाद्य उद्योग उन्नति करने लगा। हमारे देश में खाद्य उद्योग का विकास स्वतंत्रता-प्राप्ति के बाद से होने लगा है। इस विकास में सी.एफ.टी. आर.आई. का काफी महत्वपूर्ण योगदान रहा है। पता चलता है कि पिछले करीब साढ़े चार दशकों में इस संस्थान ने 300 से अधिक तकनीकों/प्रविधियों का विकास किया है और इन्हें व्यापारिक स्तर पर व्यवहार में लाने के लिए 1000 से अधिक उद्यमियों को सौंपा है। इनमें ग्रामीण खाद्य उद्योग के लिए विकसित की गई तकनीकों व मशीनों का विशेष महत्व है।

सबसे पहले धान्य संस्करण को लीजिए। आज देश में करीब 19 करोड़ टन अनाज पैदा होता है। इसमें 40 प्रतिशत चावल, 30 प्रतिशत गेहूं, 22 प्रतिशत मोटा अनाज (बाजरा, मक्का, ज्वार, मंडुवा आदि) और 8 प्रतिशत दालें हैं। सभी अनाजों का संस्कार या संसाधन करने के बाद ही इनसे खाने योग्य पदार्थ प्राप्त होते हैं

**चित्र 5.4 :** सी.एफ.टी.आर.आई. में स्थापित एक आधुनिक रोलर आटा मिल

जैसे धान से भूसा व भूसी अलग करने के बाद चावल, चिवड़ा मुरमुरे, खीलें आदि खाद्य वस्तुएं तैयार की जाती हैं। गेहूं से आटा, सूजी, मैदा आदि चीजें बनती हैं। धान को खाने योग्य चावल में बदलने के लिए उससे भूसा (हस्क) व भूसी (ब्रान) को अलग करना पड़ता है। पुराने जमाने में घर में ही ओखली में डालकर मूसल चलाकर चावल की कुटाई की जाती थी। ढेकली का भी इस्तेमाल होता था। पैदावार बढ़ जाने से अब मशीनों का उपयोग होता है।

**चित्र 5.5 :** लघु दाल मिल, दाईं ओर छिलका उतारने की मशीन

मिलों में धान की कुटाई दो चरणों में होती है–शेल्लिंग यानी ऊपरी

चोकर उतारना या भूसा दाने से अलग करना और पॉलिशिंग, जिसमें चावल के दाने पर चिपक कर रहने वाला महीन चूर्ण (भूसी, ब्रान) अलग करना। अब ये दोनों काम एक साथ ही हल्लर मशीनों से सम्पन्न होते हैं। अनुमान है कि इस समय देश में हल्लरों की संख्या 80,000 से भी अधिक है। मगर ये उपयुक्त मशीनें नहीं हैं। इनमें दाने ज्यादा टूटते हैं और भूसा, भूसी व कनी एक साथ मिल जाते हैं। इसलिए अब नए किस्म की शेल्लर मशीनों का उपयोग बढ़ रहा है। इसमें कुटाई की सारी क्रियाएं एक के बाद एक लगातार होती रहती हैं और साबूत चावल, भूसा, भूसी व कनी अलग-अलग मिल जाते हैं।

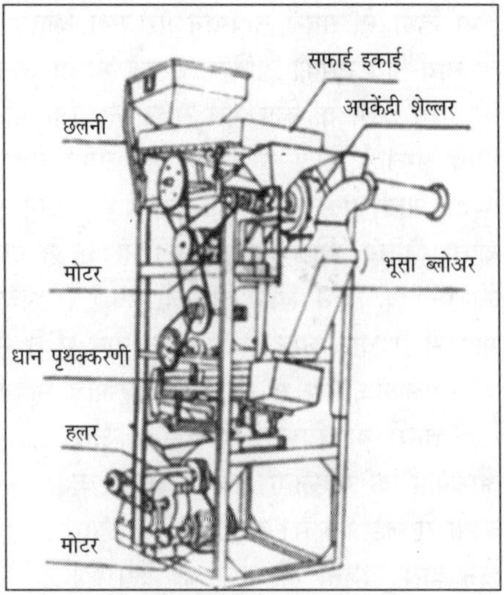


**चित्र 5.6 :** लघु चावल मिल

सी.एफ.टी.आर.आई. ने ग्रामीण उपयोग के लिए एक लघु चावल मिल का विकास किया है। इसमें कुटाई की सारी क्रियाएं–फटकना और चावल, भूसा, भूसी व कनी अलग करना–एक साथ संपन्न होती हैं। इस मशीन से दो-तीन प्रतिशत अधिक चावल मिलता है। इसमें से निकलने वाली भूसी में से, शुद्ध होने के कारण, खाने योग्य तेल प्राप्त किया जा सकता है। इसमें प्रोटीन भी अधिक होता है। यह लघु चावल मिल एक घंटे में 500 किलोग्राम धान का संसाधन करने में समर्थ है। देश में ऐसी 10,000 लघु चावल मिलें स्थापित की जा सकती हैं।

हमारे देश में चावल उसाने की परंपरा काफी पुरानी है, उसनने का अर्थ है धान को समूचे रूप में यानी छिलके के अंदर रहते ही अंशतः पकाना। देश में उत्पादित धान में से करीब 55 प्रतिशत उसनाया जाता है। इसमें धान को पानी में भिगोना, फिर भाप देना इत्यादि काम शामिल हैं, सी.एफ.टी.आर.आई. ने उसनने की जो नई विधि विकसित की है उसमें धान को पहले गरम पानी (तापमान 70 से 80 डिग्री सेल्सियस) में रातभर भिगोया जाता है, फिर सुबह इसे लगातार भूनने वाले रोस्टर में से गुजारा जाता है। रोस्टर में रेत डाली जाती है और इसे करीब

150 डिग्री सेल्सियस तापमान पर रखा जाता है। इस क्रिया में धान की पकाई के साथ-साथ उसकी आंशिक सुखाई भी हो जाती है। भविष्य में पानी तथा रोस्टर को गरम करने के लिए भूसे से जलने वाली भट्टियों का उपयोग हो सकेगा। यह विधि सरल है, साफ-सुथरी है, कम समय लेती है और इससे जो चावल मिलता है वह जल्दी पकता है, मृदु होता है। संस्थान ने चिवड़ा व मुरमुरे बनाने की भी बेहतर विधियां खोज निकाली हैं। संस्थान ने नए चावल को ही पुराने-जैसा बनाने की भी एक विधि खोज निकाली है। इसे उपचार करना या भाप देना कहते हैं। भाप से उपचार करने से धान के दाने में वे सभी परिवर्तन तत्काल हो जाते हैं जो स्वाभाविक रूप से धीरे-धीरे चार-पांच महीनों में होते हैं।

शहरों का विस्तार हो रहा है और अधिकाधिक महिलाएं घर के बाहर के कामों से जुड़ रही हैं। इसलिए तुरंत तैयार होने वाले व्यंजनों की मांग बढ़ रही है। एफ.टी.आर.आई. ने इडली, डोसा, वड़ा, जलेबी व सांभर-जैसे अनेक परंपरागत व्यंजनों के लिए बने-बनाए मिश्रण तैयार किए हैं। जैसे, खमीर उठाने वाले रसायन शामिल करके इडली व डोसे के लिए उपयुक्त मिश्रण बनाए गए हैं। शहरों में ऐसे मिश्रणों की मांग तेजी से बढ़ती जा रही है। विदेशों में बसे भारतीयों के लिए ऐसे मिश्रणों के निर्यात के वास्ते उद्योग स्थापित किए जा सकते हैं।

**चित्र 5.7 :** संतुलित भोजन सामग्री

बाजरा, ज्वार, मक्का, मंडुवा जैसे मोटे अनाज हालांकि पौष्टिक हैं, परंतु इनका उपयोग निम्न आय वर्ग तक सीमित रहा है। सी.एफ.टी.आर.आई. ने इनका मोटा भूसा अलग कर और इन्हें पॉलिश करके सभी वर्गों के लिए स्वीकार्य बनाने हेतु कई विधियां विकसित की हैं। इस तरह, इन मोटे अनाजों से सूजी, आटा, सेवई व चिवड़ा जैसे उत्पाद बनाए गए हैं। फिर इनसे हलुआ, इडली, डोसा, रोटी जैसे मीठे व नमकीन व्यंजन भी बनाए जा सकते हैं। स्मरण रहे कि देश में पैदा होने वाले कुल अनाज में मोटे अनाज का हिस्सा 22 प्रतिशत है।

सी.एफ.टी.आर.आई. ने दालें दलने की जो विधि विकसित की है उसके आधार पर देश में कई आधुनिक दाल मिलों की स्थापना हुई है। इस विधि में दलाई जल्दी होती है और दाल की उपलब्धि भी अधिक होती है। इस तकनीक की एक और विशेषता यह है कि दलाई किसी भी मौसम-सर्दी या बरसात में हो जाती है। सी.एफ.टी.आर.आई. ने ग्रामीण उपयोग के लिए भी एक लघु दलहन मशीन बनाई है। गांवों में प्रचलित परंपरागत चक्कियों में छिलका ठीक से नहीं उतरता और दाने भी अधिक मात्रा में टूटते हैं। नई हस्तचालित मशीन से किसान खेतों या घरों में अरहर, चना, मटर जैसी बड़े दानों वाली दलहनों से छिलका उतारकर दाल बना सकते हैं, देहातों में आज भी प्रतिवर्ष करीब 30 लाख टन दालें दली जाती हैं। अतः ग्रामीण उपयोग के लिए ऐसी लघु दाल मिलों का महत्व सुस्पष्ट है।

खाद्यान्न की सुरक्षा के लिए सही भंडारण का बड़ा महत्व है। चूहे, कीड़े, घुन आदि के कारण खाद्यान्न को बड़े पैमाने पर नुकसान पहुंचता है। यह नुकसान हर समय और हर चरण में होता है—खेतों में, परिवहन के समय, गोदामों में, विक्रेता की दुकान में और हमारे घरों में भी। इस समस्या को हल करने के लिए सी.एफ.टी.आर.आई. ने कुछ कारगर उपाय खोजे हैं। घरेलू उपयोग के लिए संस्थान ने ऐसी गुटका धूमन टिकियां बनाई हैं जिनके उपचार से सभी तरह के खाद्यान्न तथा दाल-मसालों को साल भर अच्छी तरह संगृहीत रखा जा सकता है। ये टिकियां सस्ती हैं, इनका प्रयोग सरल है। इन्हें बिना खतरे के थैली में, जेब में, संदूक में रख सकते हैं। हां, इन्हें बच्चों से दूर रखना जरूरी है।

खाद्यान्न के बड़े भंडारों की कीड़े, घुन आदि से रक्षा के लिए ड्यूराफ्यूम विधि विकसित की गई है। इसमें मिथाइल ब्रोमाइड और इथिलिन डाइब्रोमाइड मिश्रण छिड़का जाता है। बोरियों के बाहरी आवरण पर रासायनिक मिश्रण छिड़क कर उन्हें कीट निरोधी बनाने का उपाय खोजा गया है।

फलों और तरकारियों से विटामिन और खनिज पदार्थ अधिक मात्रा में मिलते हैं। इसलिए शरीर-पोषण के लिए इनका बड़ा महत्व है। मगर मौसमी फल जल्दी सड़ जाते हैं, इसलिए इन्हें अधिक समय तक संग्रहित नहीं रखा जा सकता, न ही दूर के बाजारों में भेजा जा सकता है। सी.एफ.टी.आर.आई. ने इनके संरक्षण के कई उपाय खोज निकाले हैं जैसे, संस्थान द्वारा विकसित मोम घोल का लेप लगाकर कुछ किस्म के फलों और तरकारियों को काफी अधिक समय तक ताजा रखा जा सकता है, इन्हें समुद्र पार विदेशों में भी भेज सकते हैं। कच्चे पपीते से पपीन नामक पदार्थ बनाने की विधि भी खोजी गई है। मांस को मुलायम करने और चमड़ा

तथा औषधि उद्योग में इस पपेन का उपयोग होता है।

संस्थान ने फलों से अधिक रस प्राप्त करने के लिए पेक्टिक एंजाइम विधि का विकास किया है। इस विधि के कारण केले व अमरूद जैसे फलों से भी रस निकालना संभव हुआ है। यहां विकसित शीतल व मृदु पेयों का अब व्यापारी स्तर पर उत्पादन हो रहा है। यहां 'कोला' जैसा एक पेय भी तैयार किया गया है, मगर इसे बाजार में सफलता नहीं मिली! दरअसल, बहुराष्ट्रीय कंपनियों के जबरदस्त प्रचार-प्रसार के कारण उनके उत्पाद तो लोकप्रिय हो जाते हैं और स्वदेशी उत्पाद, गुणवत्ता की दृष्टि से सक्षम होने पर भी पिछड़ जाते हैं।

खाद्य पदार्थों को दूर-दूर भेजना होता है। बाहरी धक्के व दबाव के कारण उन्हें भारी क्षति पहुंचती है। इसे रोकने के लिए सही पैकिंग की आवश्यकता होती है। इस दिशा में सी.एफ.टी.आर.आई. में महत्वपूर्ण शोधकार्य हो रहा है। आम, अंगूर, केला, नारंगी जैसे फलों के लिए विशेष प्रकार की टोकरियों, बक्सों और अन्य पैकेजों का रूपांकन किया है। जंगलों में मिलने वाले पत्तों, डंठलों, रेशों आदि का भी पैकेजिंग सामग्री के रूप में उपयोग हो सकता है। खेतों व जंगलों में मिलने वाले पत्तों से दोने, पत्तल जैसी चीजें बनाने का धंधा काफी पुराना है। सी.एफ.टी.आर.आई. ने पैर से चलने वाली एक ऐसी मशीन बनाई है जिसके जरिए कई तरह के पत्तों से टिकाऊ व आकर्षक दोने बनाए जा सकते हैं।

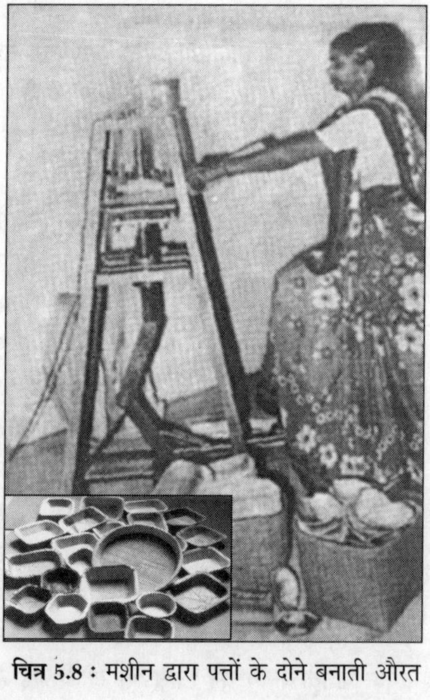

चित्र 5.8 : मशीन द्वारा पत्तों के दोने बनाती औरत

भोजन सामग्री को रुचिकर बनाने के लिए सारी दुनिया में मसालों का उपयोग होता है। भारत में मसालों का उत्पादन सबसे ज्यादा होता है। प्राचीन काल से ही दूर-दूर के देशों से साहसी व्यापारी मसालों के लिए भारत पहुंचते रहे हैं। आज भी भारत से प्रतिवर्ष 17 लाख टन मसालों का निर्यात होता है और इनसे करीब 600 करोड़ रुपए की विदेशी मुद्रा अर्जित की जाती है।

निर्यात किए जाने वाले मसालों में सबसे प्रमुख है काली मिर्च। इसके बाद लाल-हरी मिर्च, हलदी, अदरक, इलायची आदि का नंबर आता है। सी.एफ.टी.आर.आई. ने भारतीय मसालों और सुगंध द्रव्यों के जो नए तथा गैरपारंपरिक उत्पाद तैयार किए हैं उनका विदेशी बाजारों में प्रवेश हुआ है। वहां मसालों के सत तथा तेल और स्वाभाविक हरे रंगवाली निर्जलित काली मिर्च की मांग बढ़ रही है। संस्थान ने कोको बीजों का किण्वन तथा सुखाई करने और उससे कोको बटर, पाउडर आदि उत्पाद तैयार करने की तकनीकें भी खोजी हैं, जिनका व्यापारिक स्तर पर व्यवहार हो रहा है।

मेरी पत्नी कई सालों से चाय की बेकार पत्ती को फूल-पौधों के गमलों में डालती आ रही है। कहती है–इससे पौधे तेजी से बढ़ते हैं। सी.एफ.टी.आर.आई. में देखा कि चाय की बेकार पत्तियों और गन्ना रस तलछटी से एन-ट्रायकोटेनोल नामक एक पौधा वृद्धि वर्धक रसायन तैयार किया गया है और इसका व्यापारिक स्तर पर उत्पादन व वितरण भी हो रहा है। चाय, काफी, अनाज, कपास, सब्जियों आदि की फसलों पर इसका छिड़काव करने से पैदावार और गुणवत्ता बढ़ती है।

संस्थान में एक प्राणी-उत्पाद प्रयोगशाला भी है। यहां डिब्बाबंद गोश्त करी, मांस के गोरवे, सॉसेजेज, गोश्त रोटी, सलामी, हैमबर्गर, बेकन आदि सुविधाजनक उत्पाद बनाने के लिए तकनीकें खोजी गई हैं। मछली की सुरक्षा के, और अंडों को कई महीने सुरक्षित रखने के भी उपाय खोजे गए हैं। संस्थान ने अंडे का चूर्ण तैयार करने की जो तकनीक खोजी है वह सेना के जवानों के लिए बड़ी उपयोगी साबित हुई है।

मेरे बचपन में फलों और सब्जियों में जो स्वाद रहा है वह अब नहीं रहा। रूप-रंग में भी परिवर्तन हो रहा है। किसी भोज्य पदार्थ को अच्छा या बुरा करार देने में हमारी संवेदी इंद्रियों का बड़ा महत्व है। भोज्य पदार्थों की दृष्टि से चार इंद्रियों-आंख (रूप या प्रतीति), नाक (गंध), त्वचा (स्पर्श, गठन), और जीभ (स्वाद)–का ज्यादा महत्व है। खाद्य पदार्थों में ये सभी ऐंद्रिय गुण मौजूद रहते हैं, मगर इनका अनुपात बदलता रहता है। किसी में गंध प्रधान होती है, तो किसी में स्वाद। खाद्य में जब ये गुण संतुलित अनुपात में होते हैं तब उसे ऐंद्रिय गुण की दृष्टि से श्रेष्ठ माना जाता है। खाद्य पदार्थों में ऐंद्रिय गुण कहां से आते हैं, इन गुणों का संतुलन कैसे होना चाहिए, भोक्ता पर इनका प्रभाव कैसे पड़ता है, बाजार की प्रतिस्पर्धा की दृष्टि से खाद्यों में किस प्रकार के ऐंद्रिय गुणों का समावेश किया जाना चाहिए आदि प्रश्नों के समाधान खोजने के लिए सी.एफ.टी.आर.आई. में एक **ऐंद्रिय विश्लेषण प्रयोगशाला** है। उद्योग अपने खाद्य उत्पादों के ऐंद्रिय परीक्षण के लिए

इस प्रयोगशाला का लाभ उठाते हैं

संस्थान की आरंभिक दौर की एक महत्वपूर्ण उपलब्धि थी–भैंस के दूध से शिशु दुग्धाहार तैयार करना। 'अमूल' नाम से बाजार में इसका प्रवेश होने पर शिशु दुग्धाहार के लिए विदेशों पर निर्भर रहने की विवशता समाप्त हो गई थी। इस दुग्धाहार का निर्माण अब अन्य कई नामों से भी होता है।

जैसा कि मैंने आरंभ में बताया है, मेरे बचपन में तिल या मूंगफली की खली गाय-भैंस को खिलाई जाती थी। इस खली को मानव के लिए उपयोगी बनाने की दिशा में सी.एफ.टी.आर.आई. में काफी महत्वपूर्ण कार्य हुआ है। मूंगफली की खली से खाने योग्य आटा और प्रोटीन अलग करके उनसे कई पौष्टिक आहार तैयार किए गए हैं। मूंगफली की खली से बच्चों के लिए शक्तिदायक आहार और दूध छोटे बच्चों के लिए ठोस आहार तैयार किए गए हैं। खली से पृथक किए गए प्रोटीन को दूध में मिलाकर बनाया गया 'मिलटोन' पेय दूध के बराबर पौष्टिक व स्वादिष्ट है।

भविष्य के एक महत्वपूर्ण खाद्य के रूप में काई या शैवाल का महत्व दिनोंदिन बढ़ता जा रहा है। पृथ्वी के पादप जैवभार का दो-तिहाई हिस्सा शैवाल के रूप में है। खाद्यान्नों, दवाओं, जैव-रसायनों और खादों की प्राप्ति के लिए हजारों किस्म के शैवालों की जांच-पड़ताल हो रही है। इनमें हरी काई क्लोरेला व नीली-हरी काई स्पाइरूलाइना जैसी कुछ किस्मों को खाद्य पदार्थ के तौर पर उत्पादित करने योग्य समझा गया है। खाद्य पदार्थ के रूप में काई का उपयोग कोई नई बात नहीं है। स्पेनी हमलों के पहले अमेरिका के अज्तेक लोग स्पाइरूलाइना को खाद्य के रूप में इस्तेमाल करते थे। प्रशांत महासागर के कई द्वीपों में समुद्री काई आटे

**चित्र 5.9 :** स्पाइरूलाइना काई की छनाई, पीछे इसकी पैदावार करने वाले हौद हैं

के साथ मिलाकर खाई जाती है। जापान व चीन में भी काई का सेवन होता है।

एक खाद्य पदार्थ के रूप में काई या शैवाल का महत्व इसलिए विशेष है कि इसमें प्रोटीन, वसा और विटामिन ए, बी, सी व ई भरपूर मात्रा में होते हैं। स्पाइरूलाइना नामक नीली-हरी काई में 60-70 प्रतिशत प्रोटीन, 15-25 प्रतिशत कार्बोहाइड्रेट्स, 5 प्रतिशत लिपिड्स, 7 प्रतिशत खनिज व 3 प्रतिशत नमी होती है। एक हजार किलोग्राम तरकारियों में जितने पौष्टिक तत्व होते हैं उतने केवल एक किलोग्राम स्पाइरूलाइना में होते हैं! स्पाइरूलाइना से कई दवाएं और सौंदर्य प्रसाधन भी तैयार किए गए हैं।

स्पाइरूलाइना का उत्पादन काफी सरल और सस्ता है। आकार में काफी छोटी होने के कारण इस काई को मजे में छाना जा सकता है। इसे उथले तालाबों में पैदा किया जा सकता है। हर 2 से 4 दिनों में इसकी जैवमात्रा दुगुनी हो जाती है। सी.एफ.टी.आर.आई. पिछले करीब पच्चीस वर्षों से स्पाइरुलाइना पर शोध कार्य करती आ रही है। इसके बड़े पैमाने पर उत्पादन और संसाधन के लिए संस्थान ने तकनीकें खोजी हैं, जिनका भारत के लिए व्यापारिक दृष्टि से बड़ा महत्व है।

मैसूर का यह **केंद्रीय खाद्य प्रौद्योगिकी अनुसंधान संस्थान** आधुनिक यंत्रोपकरणों से सुसज्जित है। यहां के वैज्ञानिक साधनों का खाद्य उद्योग भी लाभ उठाता है। संस्थान खाद्य उद्योग के लिए परामर्शदाता का भी काम करता है। यहां आयोजित खाद्य प्रौद्योगिकी के स्नातकोत्तर पाठ्यक्रम का देश के ही नहीं, विदेशों के विद्यार्थी भी लाभ उठाते हैं। संयुक्त राष्ट्र विश्वविद्यालय ने सी.एफ.टी.आर.आई. को 1978 ई. में अपनी सहयोगी संस्था का दर्जा प्रदान किया है। सन् 1981 में यहां **इंटरनेशनल स्कूल आफ मिल्लिंग** की स्थापना हुई। यह स्कूल रोलर फ्लोर मिल्लिंग में 10 महीनों का नियमित पाठ्यक्रम चलाता है। संस्थान को देश-विदेश के संगठनों ने खाद्य विज्ञान तथा प्रौद्योगिकी सूचना केंद्र के रूप में चुना है।

यह सही है कि इस संस्थान ने बहुत से खाद्य उत्पादों को बनाने की बेहतर तकनीकें विकसित हैं, इनके व्यावसायिक उत्पादन, वितरण तथा इनकी गुणवत्ता पर संस्थान का कोई नियंत्रण नहीं है। ऐसी स्थिति में बहुराष्ट्रीय कंपनियों के पेय व खाद्य उत्पादों का देश में फैलाव बढ़ता जाए और सी.एफ.टी.आर.आई. के उसी तरह के उत्पाद अप्रयुक्त पड़े रहें, तो इसमें आश्चर्य की कोई बात नहीं है। इस मामले में गंभीरता से सोचना आवश्यक है। संस्थान के संचालन में भी सुधार की आवश्यकता है।

मैसूर में एक और खाद्य प्रयोगशाला है। यह है—**रक्षा खाद्य अनुसंधान प्रयोगशाला।** विभिन्न क्षेत्रों में और विभिन्न तरह के अभियानों में सैनिकों को जिस तरह के

बने-बनाए और ज्यादा दिनों तक टिकने वाले खाद्य पदार्थों की आवश्यकता पड़ती है उनका इस प्रयोगशाला में विकास किया जाता है। प्रयोगशाला में प्रदर्शित दर्जनों ऐसे खाद्य पदार्थों को देखकर मैं सोचता रहा—काश, ये चीजें सामान्य नागरिकों के लिए भी उपलब्ध हो सकतीं! इस प्रयोगशाला ने भारत-सोवियत अंतरिक्षयात्री-दल के लिए भी कुछ विशिष्ट पेय व खाद्य पदार्थ तैयार किए थे। यह प्रयोगशाला और सी.एफ.टी. आर.आई. कई मामलों में मिलकर काम करती हैं, एक-दूसरे के अनुसंधान-कार्य में सहायक बनती हैं।

**चित्र 5.10 :** पौध वृद्धि वर्धक एन-ट्रायकोंटेनोल (डिब्बों में)

अध्याय-6

# केंद्रीय कांच और सिरेमिक अनुसंधान संस्थान

(मैसूर)

*कांच उद्योग हमारे देश का एक प्राचीन व अत्यन्त महत्वपूर्ण उद्योग है। जीवन के हर क्षेत्र में कांच की उपयोगिता है। प्रकाशीय कांच तो वैज्ञानिक अनुसंधानों के लिए भी इतना महत्वपूर्ण है कि इसे 'विज्ञान की आंख' कहा जाता है। इस उद्योग के आधुनिकीकरण में प्रमुख भूमिका निभाने वाली वैज्ञानिक और औद्योगिक अनुसंधान परिषद् की प्रयोगशाला—केंद्रीय कांच व सिरेमिक अनुसंधान संस्थान।*

वे आजादी के आंदोलन के दिन थे। तब हमारे राष्ट्रीय नेता आम जनता से जुड़ते थे, गरीब व मध्यम वर्ग के लोगों से भी एक-एक पैसा एकत्र करके आजादी की लड़ाई के लिए धन इकट्ठा करते थे। लोकमान्य तिलक (1856-1920 ई.) 'पैसा फंड' की मुहिम चलाकर सामाजिक हित कार्यों के लिए लाखों रुपयों की निधि जमा की थी।

उन दिनों जनता के आर्थिक सहयोग से देश में आधुनिक उद्योग स्थापित करने के भी कई प्रयास हुए। इनमें एक प्रयास का विशेष महत्व है। वर्तमान सदी के

**चित्र 6.1 :** केंद्रीय कांच और सिरेमिक अनुसंधान संस्थान (सीजीसीआरआई)

आरंभिक वर्षों में महाराष्ट्र में 'पैसा फंड' का माहौल मौजूद था ही। **ए. डी. काले** नामक एक स्कूल-अध्यापक ने भी इस क्षेत्र में कुछ कर दिखाने का निश्चय किया। उन्होंने नौकरी से इस्तीफा दे दिया और जुट गए 'पैसा फंड' के आयोजन में। इस फंड में प्रत्येक व्यक्ति का अंशदान होता था–प्रतिवर्ष एक पैसा। इस फंड का उपयोग आधुनिक उद्योगों की स्थापना के लिए करना था। इस प्रयास में काले को तिलक का भी भरपूर सहयोग मिला। काले का परिश्रम सफल रहा। उनके द्वारा एकत्र किए गए 'पैसा फंड' से अंत में 1908 ई. में तलेगांव (पुणे के पास) में एक कांच कारखाने व कांच प्रशिक्षण केंद्र की स्थापना की गई। यह कारखाना निरंतर प्रगति करता गया और यहां के प्रशिक्षण केंद्र ने देश के कांच उद्योग के विस्तार में महत्वपूर्ण भूमिका अदा की।

भारत में कांच की चीजें बहुत प्राचीन काल से बनती आ रही हैं, परंतु पहला आधुनिक कांच कारखाना झेलम (पाकिस्तान) में 1870 ई. में ही स्थापित हुआ। प्रथम महायुद्ध के आरंभ तक देश में 16 कांच कारखाने थे। अधिकतर में विदेशी विशेषज्ञ थे। मगर तलेगांव के कारखाने के बाद स्वदेशी प्रयासों वाले कांच कारखानों की संख्या बढ़ती गई। सन् 1932 में भारत में कांच कारखानों की संख्या 59 पर पहुंच गई। इनमें से 27 कारखानों में चूड़ियां व मणि बनते थे; बाकी में बर्तन व चिमनियां। दूसरे महायुद्ध के दौरान कांच के सामान का आयात कम हो गया, तो भारतीय कांच व्यवसाय प्रगति करने लगा। स्वातंत्र्य- प्राप्ति के बाद इस उद्योग को काफी महत्व का माना गया, क्योंकि प्रयोगशालाओं के उपकरणों और सैनिक साधनों के लिए भी कई किस्म के कांचों की जरूरत थी। इसलिए वैज्ञानिक तथा औद्योगिक अनुसंधान परिषद (सीएसआईआर) कें अंतर्गत कोलकाता में 1950 ई. में केंद्रीय कांच और सिरेमिक अनुसंधान संस्थान (सेंट्रल ग्लास एंड सिरेमिक रिसर्च इंस्टीट्यूट–**सीजीसी आरआई**) की स्थापना की गई। पिछले करीब 45 सालों के अपने प्रयासों से इस संस्थान ने कई किस्म के विशिष्ट कांचों का विकास किया है, इनके मामले में देश को काफी हद तक आत्मनिर्भर बना दिया है। प्रकाशीय कांच (ऑप्टिकल ग्लास) की टेक्नालॉजी का विकास इस संस्थान की एक प्रमुख उपलब्धि है।

मगर इस संस्थान के नाम में कांच के साथ यह **सिरेमिक** शब्द किसलिए? कांच (संस्कृत में **काच**) हमारे देश का पुराना शब्द है। परंतु सिरेमिक एक विदेशी शब्द है। यह ग्रीक भाषा के 'केरामस्' शब्द से बना है, जिसका अर्थ है 'कुम्हार की मिट्टी'। प्राचीन काल में ईंटें, भांडे-बर्तन, मूर्तियां, खिलौने, चीनी मिट्टी के पात्र आदि चीजें मिट्टी के उनके ढांचों को पकाकर बनाई जाती थीं, इसलिए उन्हें हम

मृत्तिका-शिल्प कहते हैं।

मगर आज की अधिकांश सिरेमिक चीजें मिट्टी से नहीं बनतीं। सिरेमिक्स न तो धातु हैं, न प्लास्टिक पदार्थ, परंतु ऐसे अकार्बनिक पदार्थ हैं जिन्हें पहले आकार प्रदान किया जाता है और बाद में ताप देकर ठोस रूप दिया जाता है। इसलिए सिरेमिक शब्द को इसके आधुनिक अर्थ में यथावत् अपना लिया गया है। वैसे, सिरेमिक के मूल अर्थ को देखते हुए मृत्तिका-शिल्प शब्द को भी अपनाया जा सकता था।

कांच और सिरेमिक में कई बातें समान हैं, सिलिकेट टेक्नालॉजी के अंतर्गत दोनों का ही समावेश होता है। कांच के सहयोग से कई सारी सिरेमिक वस्तुएं तैयार की गई हैं। मेरे सामने सीजीसीआरआई से भेंट-स्वरूप प्राप्त **कांच प्रबलित जिप्सम** (जीआरजी) का एक छोटा आयताकार खंड है। जिप्सम को कांच-तंतुओं से प्रबल बनाकर इसे तैयार किया गया है। इससे दरवाजे, फर्निचर आदि बन सकते हैं और लकड़ी की काफी बचत हो सकती है। जीआरजी की इस खोज के लिए नेशनल रिसर्च डिवेलपमेंट कारपोरेशन ने 1992 में गणराज्य दिवस पुरस्कार प्रदान किया है। कलकत्ता के सीजीसीआरआई संस्थान ने नए किस्म के कांचों के अलावा कई नए सिरेमिक्स, उच्चताप सहन कर सकने वाली चीजें (रिफ्रेक्टरीज) और भवन-निर्माण के नए साधन विकसित किए हैं मगर इस अनुसंधान कार्य की जानकारी प्राप्त करने के पहले कांच के इतिहास पर एक नजर डाल लेना उपयोगी होगा। सबसे पहले कांच के बारे में कुछ बुनियादी बातें :

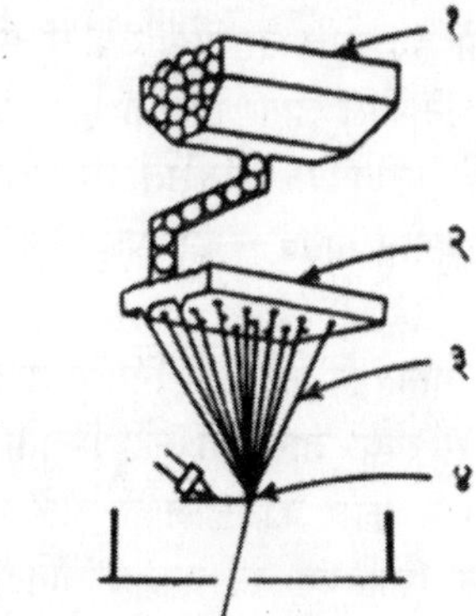

**चित्र 6.2 :** अखंड कांच-तंतु का उत्पादनः 1. कांच की गोलियां, 2. गोलियां गलाने की भटठी, 3. अखंड तंतु, 4. बंधक द्रव्य, 5. चक्री

प्रकृति के विविध पदार्थों में कांच का अपना एक अलग ही स्वरूप है। पदार्थ प्रायः तीन रूपों में पाए जाते हैं— गैस, द्रव और ठोस। गैस को ठंडा करने पर वह द्रव बन जाती है। द्रव को अधिक ठंडा करने पर वह एक ऐसे

क्रिस्टलीय या स्फटिकीय ठोस का रूप धारण करता है जिसमें उसके विभिन्न घटक एक-दूसरे से एक विशिष्ट संरचना में बंधे रहते हैं। परंतु कुछ ऐसे भी द्रवमिश्रण हैं जिन्हें ठंडा करने पर वे क्रिस्टल का रूप धारण नहीं करते। वे भंगुर अक्रिस्टलीय ठोस बन जाते हैं और कांच कहलाते हैं। इस प्रकार हम देखते हैं कि कांच वास्तव में पदार्थ की एक अलग ही विशिष्ट अवस्था है।

जिस सामान्य कांच से हम परिचित हैं वह प्रमुखतः बालू यानी सिलिका (सिलिकन डाइऑक्साइड), सोडा (सोडियम कार्बोनेट) और चूने (केल्सियम ऑक्साइड) को मिलाकर 1500 डिग्री सेल्सियस जैसे ऊंचे तापमान पर गलाने से बनता है। विशिष्ट किस्म के कांचों के निर्माण में सीसा, बेरियम, पोटेशियम, बोरोन आदि के ऑक्साइडों का इस्तेमाल होता है।

मनुष्य बहुत प्राचीन काल से कांच की वस्तुओं का उपयोग करता आ रहा है। मिट्टी की मणियों और बरतनों पर कांचीय लेप चढ़ाने (फेएंस) की कला बहुत पुरानी है। कांच नैसर्गिक रूप से भी उपलब्ध रहा है। यह कांच ज्वालामुखियों से निकलने वाले लावा से बना है, इसलिए इसे ज्वालाकांच (ऑक्सीडियन) कहते हैं। इसमें करीब 75 प्रतिशत सिलिका होता है और इसका रंग काला होता है। प्रस्तरयुगीन मानव ने इस प्राकृतिक कांच से छुरी, बाणाग्र आदि जैसे औजार बनाए थे।

मानव ने कांच का निर्माण पहली बार कब और किस स्थान पर किया, इसके बारे में स्पष्ट जानकारी नहीं मिलती है। रोमन इतिहासकार **प्लिनी** (ईसा की प्रथम सदी) ने कांच की खोज के बारे में एक कथा दी है। कुछ व्यापारी जहाज पर नेट्रोन (सोडियम का एक कार्बोनेट) लादकर ले जा रहे थे। वे रात्रि विश्राम के लिए सीरिया के समुद्रतट के उस स्थान पर रुके जहां बेलुस नदी भूमध्यसागर में गिरती है। उस बालुकामय क्षेत्र में नेट्रोन के ही कुछ खंडों से चूल्हा बनाकर उन्होंने अपना भोजन तैयार किया। सुबह उन्होंने देखा कि चूल्हे में कांच जैसा पदार्थ तैयार हो गया है। चूल्हे के ताप से बालू और नेट्रोन का संयोजन होकर यह कांच तैयार हुआ था।

प्लिनी की यह कथा संभाव्य जान पड़ती है। विद्वानों का मत है कि 3000 ई.पू. तक मिस्र या मेसोपोटामिया में कांच पिघलाने का तरीका खोज लिया गया था। कांचीय (फेएंस) चीजें उससे भी बनती आ रही थीं। पता चला है कि मिश्र के **तेल-अल्-अमर्ना** स्थान पर 1400 ई.पू. के आसपास कांच उद्योग काफी उन्नतावस्था में था। वहां ईसा पूर्व 1200 के आसपास खुले सांचे में कांच को दबाकर चीजें तैयार की जाने लगी थीं।

**चित्र 6.3 :** सन् 1023 ई. की एक यूरोपीय पांडुलिपि में वर्णित कांच-भट्ठी, दाईं ओर का दूसरा व्यक्ति फुंकनी-नलिका के सिरे पर कांच लपेट रहा है, तीसरा व्यक्ति नलिका में फूंक कर कांच-पात्रों को गरम कर रहा है।

फिर 300 ई.पू. के आसपास कांच के क्षेत्र में एक क्रांतिकारी खोज हुई। पता चला कि लोहे की खोखली नलिका के एक सिरे पर तप्त व मुलायम कांच को जमा किया जाए और दूसरे सिरे से फूंका जाए, तो तरह-तरह के आकार की कांच-वस्तुएं तैयार की जा सकती हैं। कांच की कई वस्तुएं आज भी इसी पद्धति से तैयार की जाती हैं।

रोमन साम्राज्य के काल में कांच उद्योग का काफी विकास हुआ और कांच की कलात्मक वस्तुएं बनने लगीं। फिर कुस्तुंतुनिया, दमिश्क, बगदाद और काहिरा कांच उद्योग के महत्वपूर्ण केंद्र बने। फिर 14वीं सदी में वेनिस शहर ने कांच उद्योग पर अपना एकाधिकार स्थापित कर लिया। यहीं के कारीगरों ने पहली बार "क्रिस्टलो" नामक रंगहीन पारदर्शी कांच तैयार किया। उसके बाद यूरोप के कई देशों में विभिन्न किस्म के रंगहीन पारदर्शी कांच बनने लगे। इंग्लैंड में 1675 ई. में जॉर्ज रेवेनस्क्राफ्ट ने 'फ्लिंट कांच' तैयार किया। सीसे की अधिक मात्रा से तैयार किया। यह कांच पारदर्शी, भारी और अधिक चमकीला था। यह कांच काफी मुलायम भी था, इसलिए इसे विविध प्रकार से काटा जा सकता था। इंग्लैंड का यह 'कट ग्लास' दुनिया-भर में मशहूर हो गया।

सन् 1600 ई. के आसपास से दूरबीन, सूक्ष्मदर्शी आदि के आविष्कार आरंभ हुए, जिनके लिए बेहतर किस्म के शुद्ध प्रकाशीय कांच की आवश्यकता थी। शुद्ध प्रकाशीय कांच फ्रांस में पहली बार 1790 ई. में बनाया गया। मगर वैज्ञानिक अनुसंधान के जरिए अधिक बेहतर प्रकाशीय कांच का निर्माण कर पाना उसके करीब सौ साल बाद ही संभव हुआ, जर्मनी भौतिकविद **एर्न्स्ट आब्बे** और रसायनज्ञ **ओट्टो स्कॉट** ने मिलकर 1880 ई. के आसपास कांच विज्ञान के अध्ययन के लिए एक प्रयोगशाला स्थापित की। कांच के प्रकाशीय गुणधर्मों पर रासायनिक घटकों के प्रभावों का अध्ययन किया। तदनंतर एक जर्मन कारखाने में संसार के सबसे बेहतर प्रकाशीय कांच का उत्पादन होने लगा। जेना नगर के कार्ल झाइस के साथ मिलकर आब्बे ने बेहतर किस्म के लैंस तैयार करने में योग दिया। बाद में आब्बे प्रसिद्ध झाइस कंपनी के मालिक बन गए।

प्रथम महायुद्ध के दौरान जर्मन कांच इंग्लैंड में पहुंचना बंद हो गया, तो वहां कांच के अनुसंधान और उत्पादन का नया दौर शुरू हुआ। सन् 1915 में शेफिल्ड में **डब्ल्यू.ई.ए. टर्नर** के नेतृत्व में एक कांच अनुसंधान केंद्र स्थापित हुआ। टर्नर को "आधुनिक कांच टैक्नालॉजी का पिता" कहा जाता है। उन्होंने प्राचीन कांच के बारे में भी खोजबीन की है।

प्राचीन भारतीय साहित्य में कांच के अनेक उल्लेख मिलते हैं। सिंधु सभ्यता के स्थलों से फेएंस तो मिले हैं, मगर कांच की चीजें नहीं मिली हैं। हां, मौर्य काल से कांच की चीजें मिलने लग जाती हैं। तक्षशिला से कांच के बर्तन मिले हैं। वहां से और कुछ अन्य स्थानों से कांच की अंकित मुद्राएं भी मिली हैं। कौटिल्य के **अर्थशास्त्र** में कांच के बारे में काफी जानकारी है। आज से करीब 2300 साल पहले बस्ती जिले के कोपिया स्थान पर कांच की एक फैक्टरी होने के प्रमाण मिले हैं। तमिलनाडु के अरिकमेडु स्थान से रोमन कांच की वस्तुएं मिली हैं। गुप्तकाल में और उसके बाद की कुछ सदियों तक भारत में कांच की वस्तुएं बहुत कम बनीं।

भारत में इस्लाम के आगमन के साथ, ईरानी प्रभाव के अंतर्गत, यहां कांच उद्योग को नया बढ़ावा मिला। मध्ययुग में कांच की चूड़ियां पहनना सौभाग्य का लक्षण माना गया। देश में कई स्थानों पर चूड़ियां तैयार करने के कारखाने खुले। देश में बड़े पैमाने पर विविध रंगों के काचित टाइल भी बनने लगे। मुगल काल में कांच की नक्काशीदार बेशकीमती चीजें बनने लगीं—प्याले, तश्तरियां, हुक्के आदि। मुगल बादशाहों को कांच की चीजें बड़ी प्रिय थीं। किस्सा है कि औरंगजेब के एक सरदार की लापरवाही से कांच का कोई मूल्यवान पात्र गिरकर टूट गया। औरंगजेब

ने उसे मौत की सजा सुनाई।

यूरोपीय कंपनियों के व्यापारी प्रमुखतः भेंट देने के लिए दर्पण और चश्मे-जैसी चीजें भारत में लाने लगे। भारत के कई स्थानों पर पुराने तरीकों से कांच की चीजें बनती थीं। जैसे, उत्तर प्रदेश के रामपुर स्थान पर और गुजरात के कापड़ध्वज स्थान पर कांच उद्योग के प्रमुख केंद्र थे। यूरोप से बेहतर किस्म का कांच आयात होने लगा तो परंपरागत देशी उद्योग मिटते गए। पिछली सदी के अंतिम चरण से विदेशी सहयोग से देश में आधुनिक कांच कारखाने स्थापित होने लगे। मगर भारत में कांच टेक्नालॉजी और व्यवसाय की तेजी से उन्नति 1950 ई. कलकत्ता में **केंद्रीय कांच और सिरेमिक अनुसंधान संस्थान** की स्थापना के बाद ही हुई।

सीजीसीआरआई के प्रथम निदेशक डॉ. आत्माराम (1908-1983 ई.) की, व्यक्ति व वैज्ञानिक के रूप में, अपनी एक अलग ही पहचान थी। बड़ी कठिनाई से उन्होंने इलाहाबाद विश्वविद्यालय में उच्च शिक्षा हासिल की थी। मितव्ययी इतने कि उन्होंने अपना विवाह आग्रहपूर्वक सिर्फ 100 रुपयों में सम्पन्न करवाया था। भारत में आरंभिक दौर की राष्ट्रीय प्रयोगशालाएं स्थापित करने में महत्वपूर्ण भूमिका अदा करने वाले डॉ. शांतिस्वरूप भटनागर हर मामले में भव्यता और ठाट-बाट के प्रेमी थे, तो डॉ. आत्माराम सादगी व सहजता के आराधक। बाद में डॉ. आत्माराम भी सीएसआईआर के महानिदेशक बने, मगर उनका सबसे महत्वपूर्ण कार्य रहा—सीजीसीआरआई के अपने सहकर्मियों के सहयोग से भारत में पहली बार प्रकाशीय कांच (ऑप्टिकल ग्लास) के उत्पादन में सफलता प्रदान करना।

सूक्ष्मदर्शी, वर्णक्रमदर्शी, दूरबीन व कैमरे जैसे उपकरणों में प्रयुक्त होने वाले लेंस तथा प्रिज्म विशिष्ट प्रकार के प्रकाशीय कांच से बनते हैं। सामरिक महत्व के कई यंत्रोपकरणों में भी प्रकाशीय कांच का उपयोग होता है। इसलिए प्रकाशीय कांच के उत्पादन की टेक्नालॉजी को गोपनीय रखा जाता है। आज भी संसार के बहुत थोड़े देश इस किस्म का कांच बनाने में समर्थ हैं। प्रकाश जब एक माध्यम से दूसरे माध्यम में प्रवेश करता है, तो उसकी दिशा बदल जाती है। इस दिशा-परिवर्तन को अपवर्तन कहते हैं। प्रकाशीय कांच इतना शुद्ध होना चाहिए कि उसके अपवर्तनांक में 0.001 से अधिक न्यूनाधिकता नहीं होनी चाहिए। साथ ही, इस प्रकार के कांच में रंग की अशुद्धताएं, बुलबुले तथा अन्य प्रकार की त्रुटियां नहीं होनी चाहिए। इसलिए प्रकाशीय कांच के निर्माण के लिए काफी शुद्ध कच्चे माल का इस्तेमाल करना पड़ता है और बहुत सावधानी बरतनी पड़ती है। आश्चर्य नहीं कि प्रकाशीय कांच को 'विज्ञान की आंख' कहा जाता है।

डॉ. आत्माराम और उनके सहकर्मियों ने प्रकाशीय कांच की टेक्नालॉजी किस तरह हासिल की होगी? पता चलता है कि डॉ. आत्माराम ने अपने सहकर्मियों को, किसी न किसी प्रयोजन से, पुनः विदेशों में भेजा, प्रमुखतः अमेरिका में। इस प्रकार उनके जरिए प्रकाशीय कांच की टेक्नालॉजी के बारे में बूंद-बूंद जानकारी एकत्र की गई। अंत में स्वदेशी प्रयासों से सीजीसीआरआई में ही एक छोटा प्लांट खड़ा किया गया और उसमें प्रकाशीय कांच का निर्माण करने में सफलता प्राप्त की। यह 1962 ई. की बात है।

तब से आज तक यह प्लांट प्रकाशीय कांच का उत्पादन करता आ रहा है और रक्षा-साधनों और प्रकाशीय उपकरणों के लिए उसकी सप्लाई करता आ रहा है। सीजीसीआरआई में अब तक करीब 28 किस्म के प्रकाशीय कांच तैयार किए गए हैं। दुर्गापुर के सरकारी क्षेत्र के भारत आफ्थेलूमिक ग्लास लि. में भी प्रकाशीय कांच का उत्पादन होता है। प्रतिवर्ष 100 टन उत्पादन की क्षमता वाले एक और प्रकाशीय कांच प्लांट की स्थापना का भी प्रस्ताव है।

आज वैज्ञानिक तरीकों से सैकड़ों किस्म के कांच तैयार किए जाते हैं और इनका तरह-तरह से इस्तेमाल होता है। रंगहीन कांच बनते हैं, तो अलग-अलग ऑक्साइडों के मेल से विभिन्न रंगों के कांच तैयार किए जाते हैं। परमाणु ऊर्जा के क्षेत्र में पारदर्शी रक्षक-खिड़कियों के रूप में विशिष्ट कांचों का इस्तेमाल होता है। शक्तिशाली लेसर किरणों को पैदा करने के लिए खास प्रकार के कांच के दंडों का उपयोग होता है। आजकल तरह-तरह के कांच-तंतु बनाए जाते हैं, और कांच-ऊन भी। चश्मों के लिए विभिन्न गुणधर्मों वाले कांच बनते हैं। आजकल प्रकाश-तंतुओं की खूब चर्चा है। ये प्रकाश-तंतु (ऑप्टिकल फाइबर) अब संचार के शक्तिशाली साधन बनते जा रहे हैं।

सीजीसीआरआई में प्रकाशीय कांच के अलावा विशिष्ट प्रकार के और भी कई कांचों पर अनुसंधान-कार्य हुआ है/हो रहा है। यहां दो प्रकार (सिलिकेट व फॉस्फेट) के लेसर कांच तैयार किए गए हैं। इन दोनों में सक्रिय तत्व के रूप में नियोडिमियम का उपयोग किया गया है। यहां तैयार किए लेसर कांच दंडों का उपयोग दूरियों का ठीक-ठीक मापन करने वाले रक्षा-साधनों में होता है। लेसर कांच का इस्तेमाल अतिसूक्ष्म ड्रिलिंग, कटाई व जुड़ाई के लिए भी होता है।

ताजा समाचार है कि जापान की तीन कंपनियों ने ऐसे प्रकाशीय तंतु तैयार किए हैं जिनके जरिए एक साथ एक करोड़ बीस लाख दुतर्फा टेलीफोन-संबंध स्थापित किए जा सकते हैं। हमारे देश में अब संचार-संबंधों के लिए प्रकाश-तंतुओं

का उपयोग बढ़ता जा रहा है। सीजीसीआरआई में भी एक विशिष्ट प्रकार के प्रकाश-तंतु तैयार किए गए हैं। इन प्रकाश-तंतुओं का धनबाद की मलखेड़ा खान में संचार-व्यवस्था के लिए उपयोग हो रहा है।

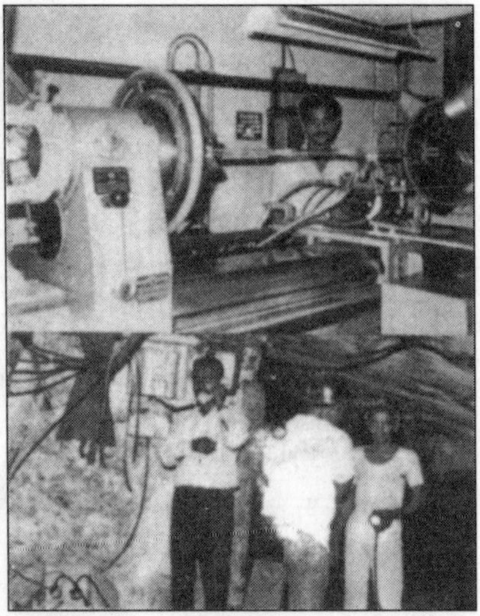

चित्र 6.4 : सीजीसीआरआई में प्रकाशीय तंतु का निर्माण (ऊपर) धनबाद की मलखेड़ा खान में संचार व्यवस्था के लिए प्रकाशीय तंतु का उपयोग (नीचे)

संस्थान ने चश्मों के लिए भी रंगहीन और हलके रंगीन कई किस्म के कांच तैयार किए हैं जो क्रुक के कांच के समकक्ष हैं। यहां **सोल-गेल** विधि से अपेक्षाकृत कम तापमान पर चूर्ण, तंतु, पतली फिल्मों आदि के रूप में कई प्रकार के अतिशुद्ध कांच और सिरेमिक तैयार किए गए हैं। जैसे, यहां सोल-गेल विधि से 1400-1500 डिग्री सेल्सियस तापमान पर अतिशुद्ध सिलिका कांच तैयार किया गया है। इसी सोल-गेल विधि से चश्मों के कांचों पर ऑक्साइडों की स्थायी परतें रोपित करके अपरावर्तक और चकाचौंध - रहित कांचों का निर्माण किया गया है। संस्थान ने भारत में पहली बार पूर्ण सीसा क्रिस्टल कांच तैयार करने में भी सफलता प्राप्त की है। इस क्रिस्टल कांच के बड़े पैमाने पर उत्पादन के लिए संस्थान में यंत्रोपकरण उपलब्ध हैं।

चित्र 6.5 : विशिष्ट 'स्नो-ग्लास' के चश्मे

आजकल नए-नए सिरेमिक्स तैयार किए जा रहे हैं। सिरेमिक वस्तुओं की विशेषता यह है कि ये कठोर होती हैं और इन पर ऊंचे तापमान और अनेक रासायनिक द्रव्यों का प्रतिकूल असर नहीं पड़ता—वातावरण में हरदम मौजूद रहने वाले जल और आक्सीजन का भी नहीं। प्राचीन काल में सिरेमिक्स ने रसोई के

बर्तनों, ईंटों आदि के रूप में मानव की सेवा की। फिर सिरेमिक्स का उपयोग टाइलों, सेनिटरी के सामान, नलियों और उच्चतापसह भट्ठियों की आंतरिक सतह के निर्माण में होने लगा। फिर विशिष्ट वैद्युत और चुंबकीय गुणों वाले सिरेमिक्स की खोज हुई। ये आधुनिक सिरेमिक्स मिट्टी के मिश्रण से नहीं, बल्कि अतिशुद्ध चूरों से बनते हैं।

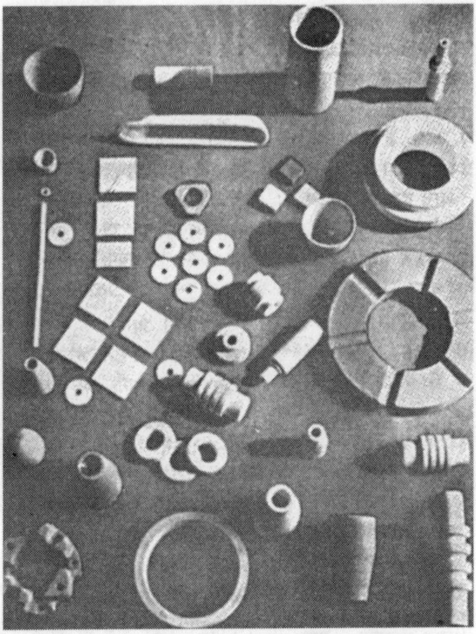

**चित्र 6.6 :** विभिन्न प्रकार के एलुमिना सिरेमिक

आमतौर पर सिरेमिक्स विद्युत चालक नहीं होते, इसलिए इनसे उच्च वोल्टता वाले विद्युत-रोधी उपकरण बनाए जाते हैं। आजकल टेलीविजन, कम्प्यूटर, टेप-रिकार्डर आदि में भी इलेक्ट्रोनिक उपकरणों के अभिन्न अंगों के रूप में सिरेमिक्स का व्यापक उपयोग हो रहा है। इधर के वर्षों में ऐसे अद्भुत सिरेमिक्स की भी खोज हुई है जो विद्युत के अतिचालक हैं। इन पर खोजबीन जारी है।

ऐसे भी सिरेमिक्स हैं जो बहुत ऊंचे तापमान को सह सकते हैं। इन उच्च ताप-सह सिरेमिक्स से बनी ईंटों का बड़ा महत्व है। वैज्ञानिकों ने ऐसे सिरेमिक्स भी तैयार किए हैं जो भंगुर नहीं होते और ताप-प्रतिरोधक हैं। इनका उपयोग अंतरिक्षयानों के कवच-निर्माण में होता है। विशिष्ट किस्म के सिरेमिक्स से नकली दांत, कपाल-कवच, कोहनी और कूल्हे के जोड़ भी तैयार किए जाते हैं।

सीजीसीआरआई के वैज्ञानिकों ने कई तरह के विशिष्ट सिरेमिक्स का विकास किया है। यहां चार अलग-अलग प्रकार के मिश्रणों वाले एलूमिना सिरेमिक्स तैयार किए गए हैं। इनका इंजीनियरी और इलेक्ट्रोनिकी के क्षेत्र में व्यापक उपयोग होता है। एलूमिना सिरेमिक्स के मामले में भारत लगभग आत्मनिर्भर बन गया है, तो इसका श्रेय सीजीसीआरआई को है।

पीछे हमने कांच प्रबलित जिप्सम (ग्लास-फाइबर रिएनफोर्स्ड जिप्सम-**जीआरजी**)

की चर्चा की है। जीआरजी का उपयोग दरवाजे, फर्निचर, छद्म छतें, मेंजों की ऊपरी सतह आदि बनाने के लिए किया जा सकता है। इससे लकड़ी की काफी बचत होगी। जीआरजी से बनी चीजें लकड़ी से सस्ती और अधिक टिकाऊ होती हैं। सीजीसीआरआई ने जीआरजी के दो मीटर लंबे और एक मीटर चौड़े पैनल तैयार करने की टेक्नालॉजी विकसित की है।

चित्र 6.7 : सीजीसीआरआई द्वारा निर्मित जीआरजी का दरवाजा

आजकल मानव शरीर के कई रोगग्रस्त अंगों के स्थान पर कृत्रिम अंगप्रत्यंग स्थापित किए जा रहे हैं। सिरेमिक्स के कृत्रिम अंग-प्रत्यंग ज्यादा हल्के होते हैं, कम घिसते हैं, इन पर शरीर में मौजूद एंजाइमों तथा रासायनिक द्रव्यों का प्रभाव नहीं पड़ता, इसलिए इन्हें धातुओं और प्लास्टिक पदार्थों से बेहतर माना जाता है। गठिया के रोग से घुटनों

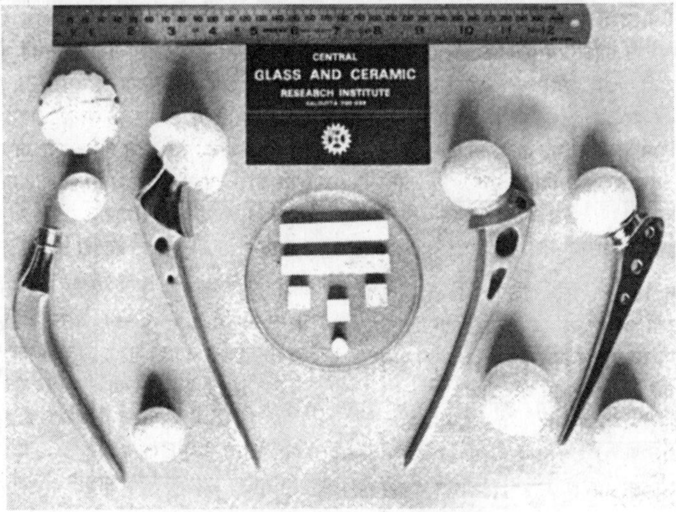


चित्र 6.8 : सीजीसीआरआई द्वारा निर्मित सिरेमिक कूल्हे

और कूल्हों के जोड़ क्षतिग्रस्त हो जाते हैं। कूल्हे के जोड़ एक बॉल-और-साकेट के जोड़ की तरह होते हैं। क्षतिग्रस्त प्राकृतिक जोड़ के स्थान पर प्रायः धातु व प्लास्टिक से बने कृत्रिम कूल्हे (हिप प्रासथिसिस) लगाए जाते हैं। पश्चिम के देशों में व्यापारिक स्तर पर सिरेमिक्स के कृत्रिम कूल्हे भी बन रहे हैं, परंतु उनके निर्माण की विधि को गोपनीय रखा जा रहा है।

सीजीसीआरआई के वैज्ञानिकों ने भी सिरेमिक सिरे वाले कृत्रिम कूल्हे तैयार किए हैं। इन्हें बनाने के लिए अत्यधिक शुद्ध अलुमीनियम ऑक्साइड के महीन चूरे का उपयोग किया गया है। इस चूरे से अंततः जो गोले तैयार किए गए हैं। उन्हें 'ऑसटिन मूर' नामक डंडी के साथ जोड़कर कृत्रिम कूल्हे बनाए हैं। सिरेमिक पर आधारित इन कृत्रिम कूल्हों को 19 मरीजों के शरीर में स्थापित किया गया है। पता चला है कि ये कृत्रिम कूल्हे संतोषजनक रूप से काम कर रहे हैं।

सन् 1911 में अतिचालकता (सुपरकंडक्टिविटी) की खोज हुई थी। पता चला कि कुछ पदार्थों को परम शून्य के आसपास के तापमान पर पहुंचाया जाए, तो उनकी वैद्युत प्रतिरोधकता एकदम समाप्त हो जाती है, यानी वे अतिचालक बन जाते हैं। फिर 1933 ई. में यह भी पता चला कि ये अतिचालक पदार्थ चुंबकों को प्रतिकर्षित करते हैं। (माइसनर प्रभाव)। फिर आज से दस साल पहले 1986 ई. में दो अमेरिकी वैज्ञानिकों ने खोज की कि सिरेमिक पदार्थ भी अतिचालक बन सकते हैं। उन्होंने जाना कि लैंथेनम, बेरियम और तांबे के एक ऑक्साइड का मिश्रण 35 केल्विन तापमान पर अतिचालक बन जाता है। बाद में अधिक ऊंचे तापमान पर अतिचालक बनने वाले सिरेमिक भी खोजे गए। सीजीसीआरआई के वैज्ञानिकों ने भी उच्चतापीय सिरेमिक अतिचालकों के विकास का कार्य हाथ में लिया है।

सीजीसीआरआई में उच्चतापसह सिरेमिक पदार्थों पर भी महत्वपूर्ण कार्य हुआ है/हो रहा है। संस्थान के वैज्ञानिकों ने केरल व उड़ीसा के समुद्रतटों पर प्रचुरता से उपलब्ध सिलिमेनाइट बालू से उच्चतापसह ईंटों का निर्माण किया है। इसी तरह, यहां के वैज्ञानिकों ने चावल की भूसी (हस्क) की राख से ऊष्मारोधी ईंटें तैयार की हैं। भारत में प्रतिवर्ष करीब 140 लाख टन चावल की भूसी बनती है। इसका चावल के मिलों के बॉयलरों में ईंधन के रूप में इस्तेमाल होता है, जहां बड़ी मात्रा में इसकी राख तैयार होती है। इसी राख से ऊष्मारोधी ईंटें बनाई गई हैं।

कलकत्ता के इस सीजीसीआरआई संस्थान ने पिछले करीब साढ़े चार दशकों के अरसे में कांच, सिरेमिक और उच्चतापसह पदार्थों की टेक्नोलॉजियों के विकास में काफी महत्वपूर्ण भूमिका अदा की है। मगर लगता है कि सीएसआईआर

**चित्र 6.9 :** डॉ. शांतिस्वरूप भटनागर के साथ डॉ. आत्माराम

**चित्र 6.10 :** प्रो. डब्ल्यू ई.एस. टर्नर के साथ डॉ. आत्माराम

के अन्य कई संस्थानों की तरह यह संस्थान भी अब काफी बुढ़ा-सा गया है—विज्ञानकर्मियों के मामले में ही नहीं, साधनों के मामले भी। कोलकाता महानगर की अपनी कुछ समस्याएं भी संस्थान के विकास में शायद बाधक बनती हैं, अब एक तरुण व उत्साही वैज्ञानिक ने इस संस्थान की बागडोर संभाली है। इसलिए आशा रखनी चाहिए कि यहां डॉ. आत्माराम के दिनों-जैसा वातावरण पुनः पैदा होगा।

## कांच निर्माण के इतिहास की कुछ प्रमुख घटनाएं

| | |
|---|---|
| लगभग 50,000 ई.पू. | प्राचीन मानव द्वारा प्राकृतिक कांच (ऑब्सीडियन) से छुरे, बाणाग्र आदि औजारों का निर्माण। |
| लगभग 3000 ई.पू. | मिस्र या पश्चिम एशिया में मानव द्वारा पहली बार कांच का निर्माण। |
| लगभग 1200 ई.पू. | मिस्र में महत्वपूर्ण कांच केंद्र, वहां खुले सांचे में दबाकर कांच-वस्तुएं बनाई जाने लगीं। |
| लगभग 300 ई.पू. | बस्ती जिले के कोपिया स्थान पर कांच निर्माण का केंद्र, फिनिशिया में फुंकनी-नलिका की खोज। |
| लगभग 4 ई. | रोमन साम्राज्य में कांच निर्माण के केंद्र, रंगहीन पारदर्शक कांच बनाने की कला की खोज। |
| 400-1300 ई. | कुस्तुंतुनिया, बगदाद और काहिरा में कांच निर्माण केंद्र। ईसा की पांचवीं सदी के उत्तरार्ध में खिड़की के रंगे हुए कांचों का निर्माण। |

| | |
|---|---|
| लगभग 1200 ई. | वेनिस शहर कांच निर्माण का प्रमुख केंद्र बन गया। वहां पहली बार "क्रिस्टलों" नामक रंगहीन पारदर्शी कांच तैयार किया गया। |
| 1590 ई. से | यूरोप से सूक्ष्मदर्शी, दूरबीन तथा थर्मामीटर का विकास। |
| 1674 ई. | इंग्लैंड में रेवेनस्क्राफ्ट द्वारा सीसायुक्त कांच की खोज। |
| 1790 ई. | फ्रांस में प्रकाशीय कांच का उत्पादन। |
| 1880 ई. | आब्बे और स्कॉट द्वारा जर्मनी में प्रकाशीय कांच के बारे में वैज्ञानिक अन्वेषण की शुरुआत। प्रकाशीय कांच के उत्पादन में जर्मनी अग्रणी। |
| 1903 ई. | अमेरिका में बोतलें तैयार करने के लिए स्वचालित यंत्र की खोज। |
| 1908 ई. | तलेगांव (महाराष्ट्र) में पैसा-फंड कांच कारखाने की स्थापना। |
| 1908-15 ई. | अमेरिका में पायरेक्स नामक बोरोसिलिकेट कांच का विकास। |
| 1950 ई. | कलकत्ता में केंद्रीय कांच और सिरेमिक अनुसंधान संस्थान की स्थापना। |
| 1962 ई. | भारत में प्रकाशीय कांच का उत्पादन। |

अध्याय-7

# राष्ट्रीय पर्यावरण अभियांत्रिकी अनुसंधान संस्थान

(नागपुर)

हम नागपुर से गुमगांव जा रहे थे, वहां की मैंगनीज खान को देखने के लिए। कार में साथी थे–'नीरी' संस्थान के वैज्ञानिक डॉ. ए.एस. जुवारकर, कल्याणी विश्वविद्यालय के वनस्पति-विज्ञानी प्रो. समद्दार और मैगनीज ऑर इंडिया लिमिटेड के एक अधिकारी। करीब एक घंटे का रास्ता। रास्ते के दोनों ओर कपास के खेतों और संतरों के बगीचों का हरा-भरा नजारा। सोच रहा था–गुमगांव खान पहुंचेंगे, तो वहां का वातावरण धूल-भरा होगा, आसपास पथरीले खनिजों के ऊंचे-ऊंचे टीले होंगे।

मगर जब गुमगांव पहुंचे, तो लग ही नहीं रहा था कि किसी खान के पास पहुंचे हैं। वहां पथरीले टीले तो कई थे, मगर उन पर पेड़-पौधे उगे हुए थे। विज्ञान के इसी 'चमत्कार' को देखने के लिए हम गुमगांव गए थे।

मैंगनीज एक बहुत ही महत्वपूर्ण धातु है। इस्पात के निर्माण में इसका इस्तेमाल होता है। पुराने जमाने में इसके खनिजों को लोहे के खनिज समझा जाता था। सन् 1774 में पहली बार स्पष्ट हुआ कि मैंगनीज धातु वस्तुतः एक मूलतत्त्व है। दुनिया में रशिया के बाद भारत में ही मैंगनीज खनिज का सबसे ज्यादा उत्पादन होता है। भारत के मैंगनीज खनिज अच्छे किस्म के हैं और महाराष्ट्र तथा मध्य प्रदेश के कई स्थानों पर इनके भंडार हैं।

गुमगांव खान की शुरुआत 1901 ई. में एक ब्रिटिश कंपनी ने की थी। आरंभ में मैंगनीज खनिज का निर्यात इस्पात तैयार करने वाले देशों को किया जाता था। अब हमारे देश में फैरोमैंगनीज तैयार करने के कई कारखाने हैं। सन् 1962 में स्थापित मैंगनीज ऑर इंडिया लि. कंपनी देश की दस खानों का संचालन करती है।

खानों से निकाले गए जिन खनिजों का इस्तेमाल नहीं होता उनसे आसपास पथरीले बंजर टीले खड़े हो जाते हैं। उनमें पोषक तत्त्व और जैव पदार्थ नहीं रह

जाते और सूक्ष्म जीवाणु भी नहीं पनप पाते। जमीन और जल का संबंध-चक्र बिगड़ जाता है, प्रदूषित हो जाता है। खानों के परिसरों की उर्वरता लगभग समाप्त हो जाती है।

खानों के पथरीले बंजर परिसरों को पुनः उपजाऊ बनाना, हरा-भरा बनाना जैव प्रौद्योगिकी के साधनों से ही संभव हो सकता है। मैंगनीज ऑर इंडिया लि. और 'नीरी' ने मिलकर इस काम को करने का निश्चय किया। सबसे पहले खानों के समीप बंजर टीलों का जैव-रासायनिक स्वरूप बदलना जरूरी था। इसके लिए चीनी मिलों से निकलने वाले गन्ने के कचरे का और कागज कारखानों में शोधन से निकलने वाले कीचड़ का उपयोग किया गया। अर्थात् इस कचरे और कीचड़ की परत खानों की पथरीली भूमि पर बिछा दी गई। फिर उस परत में विशिष्ट किस्म के ऐसे सूक्ष्म जीवाणु छोड़े गए जो जमीन को उर्वर बनाते हैं।

सन् 1990 से खानों के बंजर टीलों पर वृक्षारोपण का कार्य शुरू हुआ। गुमगांव, डोंगरी बुजरुक और चिकला की मैंगनीज खानों के बंजर टीलों पर, 22 हेक्टेयर क्षेत्र में, सागौन, शीशम, नीम, अमलताश, सफेदा, बांस आदि के करीब डेढ़ लाख पौधे रोपे गए। दुर्गापुर (चंद्रपुर जिला) की कोयला खान के 20 हेक्टेयर में फैले, 13 साल पुराने, पथरीले टीलों पर भी 50 हजार से अधिक पौधे रोपे गए।

नतीजे अच्छे निकले। अस्सी प्रतिशत पौधे जीवित रहे और वृद्धि की रफ्तार भी 3 से 5 गुना अधिक रही। इन पौधों की जड़ों का विकास भी ज्यादा हुआ। गुमगांव में जहां पहले पथरीले बंजर टीले नजर आते थे, वहां अब हरे-भरे पेड़-पौधों वाली घाटी जैसा नजारा देखने को मिलता है। देश में पहली बार घटित यह

**चित्र 7.1 :** गुमगांव मैंगनीज खान के पथरीले बंजर टीलों पर उगाए गए पेड़-पौधे

चित्र 7.2 : 'नीरी' संस्थान, नागपुर

'चमत्कार' नीरी के वैज्ञानिकों के प्रयासों का परिणाम है।

नागपुर के 'नीरी' संस्थान का पूरा नाम है–नेशनल एन्वाइरनमेंटल इंजीनियरिंग रिसर्च इंस्टीट्यूट यानी **राष्ट्रीय पर्यावरण अभियांत्रिकी अनुसंधान**। दरअसल, यह नाम बाद का है, संस्थान अधिक पुराना है। आजादी के बाद देश में जब राष्ट्रीय प्रयोगशालाएं स्थापित करने का सिलसिला शुरू हुआ, तब वैज्ञानिक तथा औद्योगिक अनुसंधान परिषद (सी.एस.आई.आर.) के अंतर्गत नागपुर में अप्रैल 1958 में **केंद्रीय जनस्वास्थ्य अभियांत्रिकी अनुसंधान संस्थान** की स्थापना की गई थी। तब हमारे देश में पर्यावरण और प्रदूषण की कोई विशेष चर्चा नहीं थी।

मगर जब बढ़ती आबादी और उद्योग धंधों के विस्तार के कारण हवा, पानी और जमीन में प्रदूषण फैलने लगा और पर्यावरण के बारे में चिंता व्यक्त की जाने लगी, तब नागपुर के संस्थान को पर्यावरण के बारे में समग्र रूप से अध्ययन-अन्वेषण करने की जिम्मेदारी सौंपी गई। तब जनवरी 1974 में इस संस्थान को नया नाम दिया गया–**राष्ट्रीय पर्यावरण अभियांत्रिकी अनुसंधान संस्थान** (संक्षेप में, **नीरी**)। यह संस्थान नागपुर के 110 एकड़ क्षेत्र में फैला हुआ है और देश के 9 स्थानों में इसकी क्षेत्रीय प्रयोगशालाएं हैं।

पिछले करीब ढाई-तीन दशकों में नीरी ने कई महत्त्वपूर्ण कार्य किए हैं। कोलकाता, कानपुर, अहमदाबाद, दिल्ली, मुंबई, मद्रास आदि दस प्रमुख नगरों में वायु प्रदूषकों (धूल, धुआं, सल्फर डाइआक्साइड, नाइट्रोजन के आक्साइड आदि) के बारे में आंकड़े एकत्र किए। यह काम 12 साल तक चला। संस्थान ने आगरा के ताजमहल और भरतपुर के पक्षी अभयारण्य की सुरक्षा के लिए 10,400 वर्ग कि.मी. क्षेत्र की भौगोलिक सीमा निर्धारित की। विशाखापत्तनम जिले के खतरनाक

उद्योगों की आपात स्थिति से निपटने के लिए एक योजना बनाकर दी। नीरी ने गंदे पानी के उपचार के लिए एक चक्रीय संयंत्र विकसित किया है जिसे स्वर्गाश्रम (ऋषिकेश) में लगाया गया है।

दूषित जल के कारण पीलिया, हैजा, पेचिश आदि बीमारियां फैलती हैं। नीरी के वैज्ञानिकों ने शुद्ध पेयजल उपलब्ध कराने के लिए कई साधन और उपाय प्रस्तुत किए। असम, तमिलनाडु, उड़ीसा व हरियाणा जैसे प्रदेशों के जल में फ्लोराइड की अधिकता एक गंभीर समस्या है। फ्लोराइड की अधिकता के दांतों और हड्डियों पर घातक परिणाम होते हैं। नीरी ने पानी को फ्लोराइड-रहित बनाने की एक विधि खोजी है जो नलगोंडा विधि के नाम से जानी जाती है। इस विधि में फिटकरी का घोल पानी में अच्छी तरह मिलाया जाता है। उसके बाद चूने का घोल मिलाकर 20 मिनट तक धीरे-धीरे हिलाया जाता है। एक घंटे बाद अशुद्धियां बरतन की तली में जमा हो जाती हैं और पीने के लिए साफ पानी उपलब्ध हो जाता है।

नीरी ने ग्रामीण क्षेत्रों में शुद्ध पानी उपलब्ध कराने के लिए भी युक्तियां खोजी हैं। नदी-नाले, नहर-बावड़ी और झील-तालाब के पानी को पीने योग्य बनाने के लिए 'मंद बालू छन्ने' विकसित किए हैं। इसमें पानी को रेतीले माध्यम से धीरे-धीरे गुजारा जाता है। देश के कई प्रदेशों में ऐसे छन्ने काम कर रहे हैं। संस्थान ने पानी को रोगाणु-रहित करने के लिए विभिन्न आकार-प्रकार की क्लोरीन टिकियाएं भी विकसित की हैं।

नीरी ने पर्यावरण की सुरक्षा के लिए और प्रदूषण की रोकथाम के लिए न केवल उपाय खोजे हैं, यंत्र-उपकरण भी तैयार किए हैं। संस्थान, प्रदूषण नियंत्रण के लिए जैव प्रौद्योगिकी के साधनों का भी उपयोग कर रहा है। जैसे, संस्थान ने जैव तकनीक के साधन से पानी विषाणुओं को शीघ्रता से एकत्र करने का एक आसान तरीका खोज निकाला है। नीरी के सहयोग से गुमगांव की मैंगनीज खान के पथरीले बंजर टीले किस प्रकार हरे-भरे वन में बदल गए हैं, यह हम पहले बता ही चुके हैं।

नीरी का काम है—पर्यावरण की सुरक्षा और प्रदूषण की रोकथाम के उपाय तथा साधन प्रस्तुत करना। इन्हें लागू करना नीरी का काम नहीं है। इसके लिए केंद्रीय और प्रांतीय प्रदूषण बोर्ड हैं, कई अधिनियम भी अस्तित्व में आ गए हैं। मगर ये बोर्ड और अधिनियम कितने कारगर सिद्ध हो रहे हैं, यह देश की राजधानी दिल्ली की आज की दशा को देखकर हर किसी को सहज स्पष्ट हो जाएगा। आज दिल्ली देश का सबसे ज्यादा प्रदूषित शहर हो गया है।

मैं पहली बार 1949 में दिल्ली आया था, चंद दिनों के लिए। तब दिल्ली की

**चित्र 7.3 :** ताजमहल के परिसर की वायु का नीरी द्वारा अध्ययन

आबादी 15 लाख के आसपास रही होगी (सन् 1951 की जनगणना के अनुसार दिल्ली की आबादी 17,42,072 थी)। तब नई दिल्ली की सड़कों पर बहुत कम लोग और वाहन नजर आते थे। यमुना में स्नान भी किया जा सकता था। तब वायु और जल के प्रदूषण की कोई चर्चा नहीं थी।

फिर 1953 में मैं दिल्ली आया, करीब छह महीनों के लिए। तब भी यहां प्रदूषण की कोई चर्चा नहीं थी। मुझे याद है, रात के नौ बजे बहादुरशाह जफर रोड से गुजरने में डर लगता था। तब दिल्ली की कुल आबादी 20 लाख के आसपास रही होगी। वाहन कम थे। नई दिल्ली में भी तांगे चलते थे। तब **नीरी** संस्थान स्थापित नहीं हुआ था, न ही प्रदूषण निवारण एवं नियंत्रण अधिनियम अस्तित्व में आए थे।

फिर 1971 में मैं दिल्ली आया, और यहीं का निवासी बन गया। सन् 1971 में दिल्ली में वाहनों की कुल संख्या 2 लाख थी, जो 1991 में 20 लाख पर पहुंच गई। अब दिल्ली में वाहनों की संख्या 25 लाख से ऊपर पहुंच गई है। ये वाहन प्रतिदिन 1700 टन से अधिक प्रदूषक पदार्थ हवा में छोड़ते हैं। इनके अलावा, बाहर से भी प्रतिदिन बहुत से वाहन राजधानी में पहुंचते रहते हैं। आज मद्रास, मुंबई और कोलकाता में कुल मिलाकर जितने वाहन हैं उससे अधिक इस अकेले महानगर में हैं। पिछले पच्चीस वर्षों में दिल्ली की आबादी भी तेजी से बढ़ी है। अब दिल्ली की आबादी लगभग एक करोड़ है।

**चित्र 7.4 :** कोलकाता के पास के एक स्थान पर हुगली नदी में जल-मल छोड़ा जा रहा है

दिल्ली की हालत दिनोंदिन बिगड़ती ही जा रही है, विशेषकर वायु प्रदूषण के कारण। दिल्ली में वायु प्रदूषण का प्रमुख कारण मोटर वाहन हैं। ये वाहन सल्फर डाइआक्साइड, कार्बन मोनोक्साइड, ओजोन, नाइट्रोजन आक्साइड और ठोस कणों को हवा में छोड़ते हैं। दिल्ली में कई ऐसे चौराहे हैं जहां से गुजरने पर आंखें जलने लगती हैं और उनमें से पानी बहने लगता है। एक सर्वेक्षण से पता चला है कि सांस के रोगों की घटनाएं दिल्ली में देश के अन्य शहरों की अपेक्षा 12 गुना अधिक हैं। साथ ही, पुरानी दिल्ली के बच्चों के रक्त-प्रवाह में सीसा की मात्रा सुरक्षित सीमा से चार गुना अधिक पाई गई है। इससे उनके दिमाग और गुर्दे को भारी क्षति पहुंच सकती है।

देश की राजधानी का यह हाल है, तो अन्य शहरों और क्षेत्रों की दशा का सहज ही अंदाजा लगाया जा सकता है।

आज पर्यावरण सुरक्षा की लड़ाई देश के चंद समर्पित समाजसेवी संगठन लड़ रहे हैं। उच्चतम न्यायालय सहित देश के विवेक-संपन्न न्यायालयों ने पर्यावरण को स्वच्छ रखने की जिम्मेदारी समझते हुए अनेक महत्त्वपूर्ण निर्देश दिए हैं और लागू करवाए हैं। भविष्य की पीढ़ियों के लिए देश के पर्यावरण को प्रदूषण-मुक्त रखना हो, तो इस लड़ाई में हम सबको योगदान देना चाहिए।

अध्याय-8

# केंद्रीय नमक व समुद्री रसायन अनुसंधान संस्थान

(भावनगर)

नमक का संबंध हमारी जीभ से तो है ही, हमारे स्वास्थ्य के लिए भी यह जरूरी है। नमक कहां से मिलता है, कैसे बनता है, यह कितने प्रकार का होता है, किन-किन उद्योगों में इसका इस्तेमाल होता है? आयोडीन नमक क्या है? इन बातों की जानकारी हरेक को होनी चाहिए। नमक और समुद्री रसायनों के क्षेत्र में महत्वपूर्ण कार्य कर रहे वैज्ञानिक और औद्योगिक अनुसंधान परिषद् की एक अग्रणी प्रयोगशाला है, केंद्रीय नमक और समुद्री रसायन अनुसंधान संस्थान।

अहमदाबाद पहले भी गया था, मगर आगे पश्चिम की ओर सौराष्ट्र की यह मेरी पहली यात्रा थी। सबसे पहले मुझे भावनगर पहुंचना था, वहां के **केंद्रीय नमक व समुद्री रसायन अनुसंधान संस्थान** में हुए और हो रहे शोधकार्य की जानकारी प्राप्त करनी थी।

अहमदाबाद से भावनगर तक करीब पांच घंटे की बस-यात्रा। ऐसी यात्रा में बाहर झांककर फसलों, खेतों में काम कर रहे लोगों और बस्तियों को देखना-जानना मुझे बहुत अच्छा लगता है। इस रास्ते में देखा कि बस्तियां बहुत दूर-दूर हैं, खेतों में कोई चहल-पहल नहीं, सूखा क्षेत्र है, जहां-तहां कंटीले पेड़-पौधे भी बहुत हैं, सोचने लगा—कैसे चलता होगा यहां के लोगों का जीवन? क्या प्राचीन काल से इस इलाके की ऐसी ही स्थिति रही होगी?

फिर, करीब दो घंटे की यात्रा के बाद, देखा कि बाईं ओर सड़क के किनारे चाय की एक छोटी-सी दूकान है, वहां एक पक्की सड़क आकर मिली है, और उस तरफ निर्देश करने वाला एक सूचना-पट्ट है—**लोथल : यहां से 7 किलोमीटर**। मैं चकित। करीब चार हजार साल पुराना सिंधु सभ्यता का एक प्रमुख स्थल लोथल, जहां एक अद्‌भुत नौका-घाट की खोज हुई है और जहां से फारस की खाड़ी तथा मेसोपोटामिया के साथ खूब व्यापार चलता था। सिंधु सभ्यता का एक अन्य स्थल रंगपुर भी यहां से ज्यादा दूर नहीं है। इच्छा हुई बस से उतर पड़ूं लोथल देखने के लिए। मगर उस समय यह संभव नहीं था। लोथल के पुरावशेषों को देखने की

मेरी इच्छा भावनगर पहुंचने के दो दिन बाद पूरी हुई।

बस आगे बढ़ी। करीब चार घंटे की यात्रा के बाद, भावनगर के काफी नजदीक पहुंचने पर, वलभीपुर कस्बा आया। स्मरण आया : अरे, यह तो वही प्राचीन **वलभी** नगर है जो अपने विद्याकेंद्र के लिए नालंदा की तरह दूर-दूर तक प्रसिद्ध रहा है। चीनी यात्री ई–चिङ् (ईसा की 7 वीं सदी) ने वलभी के शिक्षा केंद्र के बारे में उपयोगी जानकारी दी है। मैत्रक शासकों ने 480 ई. से 775 ई. तक वलभी से गुजरात के दूर-दूर के क्षेत्रों पर शासन किया है। प्रसिद्ध चीनी यात्री युवान्-च्वाङ् (629-45 ई.) ने वलभी की यात्रा करके लिखा है : वलभी राज्य की "कृषि-उपजें, ऋतुएं और जलवायु, प्रथा तथा प्रजा का स्वभाव मालव के समान था। जनसंख्या बहुत अधिक थी तथा लोग सम्पन्न थे। ऐसे परिवारों की संख्या सौ से अधिक थी जिनकी सम्पत्ति दस कोटि तक पहुंचती थी। सुदूर प्रदेशों से दुर्लभ वस्तुओं को ला-लाकर इस राज्य में एकत्रित किया जाता था।"

मगर वलभीपुर से बस भावनगर की ओर आगे बढ़ी, तो मुझे दोनों ओर ज्यादातर कंटीली झाड़ियों के मैदान ही नजर आए। हां, करीब पांच लाख की आबादी वाला भावनगर आज सौराष्ट्र का एक काफी सम्पन्न शहर है। विदेश में जाकर बसे हुए गुजराती व्यापारियों ने यहां अपनी शानदार कोठियां खड़ी की हैं। आजादी के पहले भी भावनगर राज्य का यह शहर अपनी शिक्षा-व्यवस्था, साफ-सफाई और चौड़ी सड़कों के लिए प्रसिद्ध रहा है। सन् 1887 में मैट्रिक करने के बाद और बेरिस्टरी के लिए विलायत जाने के पहले गांधी जी ने भावनगर के शामलदास कालेज में पहले सत्र की पढ़ाई पूरी की थी। आज भावनगर में एक विश्वविद्यालय है। यहीं पर स्थापित प्रसिद्ध वैज्ञानिक संस्था है–**केंद्रीय नमक व समुद्री रसायन अनुसंधान संस्थान** (सेंट्रल सॉल्ट एंड मैरीन केमिकल्स रिसर्च इंस्टीट्यूट–**सी एस एम सी आर आई**)।

भारत का समुद्रतट लगभग 6000 किलोमीटर तक फैला हुआ है। फिर भी स्वतंत्रता-प्राप्ति के पहले काफी नमक बाहर से आयात करना पड़ता था। आजादी के बाद नमक उद्योग की स्थिति पर विचार करने के लिए विशेषज्ञों की एक समिति गठित की गई। समिति ने नमक व समुद्री रसायनों का उत्पादन बढ़ाने के लिए और इनकी गुणवत्ता में सुधार करने के लिए एक शोध-संस्थान स्थापित करने का सुझाव दिया। तब वैज्ञानिक तथा औद्योगिक अनुसंधान परिषद (सी एस आई आर) के अंतर्गत अप्रैल 1954 में भावनगर में केंद्रीय नमक व समुद्री रसायन अनुसंधान संस्थान की स्थापना हुई। उसी साल से भारत में नमक का आयात पूर्णतः बंद हो गया। भारत से नमक का निर्यात 1951 ई. से ही शुरू हो गया था।

**चित्र 8.1 :** भावनगर का नमक व समुद्री रसायन अनुसंधान संस्थान

बहुत-सी चीजें हैं जिनका हम रोज इस्तेमाल करते हैं, मगर उनके बारे में हमें बहुत कम जानकारी होती है। ऐसी ही एक चीज है नमक। नमक स्वाद के लिए ही नहीं, स्वास्थ्य के लिए भी जरूरी है। नमक कहां से मिलता है? कैसे बनता है? यह कितने प्रकार का होता है? किन-किन उद्योगों में इसका इस्तेमाल होता है? आयोडीन नमक क्या है? इन बातों की थोड़ी-बहुत जानकारी हर व्यक्ति को होनी चाहिए।

अभी कुछ वर्षों पहले मैंने भावनगर के केंद्रीय नमक व समुद्री रसायन अनुसंधान संस्थान में कुछ दिन रहकर वहां नमक पर हुए शोधकार्य के बारे में जानकारी प्राप्त की। फिर ओखा (द्वारका) से भावनगर तक सौराष्ट्र के समुद्रतट की यात्रा की और 'नमक की खेती' के कई स्थल देखे। नमक-जैसी दैनंदिन उपयोग की वस्तु के बारे में कई बातें मुझे पहली बार देखने और जानने को मिलीं।

नमक मानव द्वारा खोजा और उपयोग में लाया गया संभवतः पहला रसायन है। आरंभ में नमक की खोज कुछ इस प्रकार हुई होगी : आदिमानव ने समुद्रतट के पास के किसी खड्डे में चमकीले सफेद क्षार को देखा और थोड़ा-सा उठाकर मुंह मे डाला, तो उसका स्वाद उसे काफी निराला लगा। फिर एक दिन थोड़ा-सा क्षार उसने पकते हुए मांस पर छिड़का, तो वह मांस उसे बहुत ही स्वादिष्ट लगा। भोजन में नमक का उपयोग शुरू हो गया।

नमक ने मानव इतिहास में काफी महत्व की भूमिका अदा की है। पुराने

जमाने के भारतीय गांव बहुत-सी चीजों के मामले में भले ही स्वावलंबी रहे हों, मगर नमक व धातुएं बाहर से ही प्राप्त की जाती थीं। प्राचीन काल में यातायात के कई मार्ग नमक के व्यापार के कारण ही अस्तित्व में आए थे। कोंकण समुद्रतट की जो चीजें पश्चिमी घाट के दर्रों से होकर पूर्व की ओर पहुंचती थीं उनमें नमक का प्रमुख स्थान था। हिमालय की दुर्गम घाटियों में बने रास्तों से नेपाल का चावल तिब्बत पहुंचता था और तिब्बत की खारी झीलों से बटोरे गए नमक को नेपाल लाया जाता था।

तिब्बत में और अफ्रीका के कुछ देशों में नमक का उपयोग चलमुद्रा के रूप में भी हुआ है। रोमन सैनिकों को वेतन का कुछ भाग नमक के रूप में दिया जाता था। अंग्रेजी के सॉल्ट (नमक) और सैलरी (वेतन) शब्द लैटिन के साल् (नमक) शब्द से बने हैं। नमक शब्द फारसी का है। इसके लिए संस्कृत का शब्द है लवण, जिससे लोण, लोना, लोनी (एक साग), लोनिया (नोनिया जाति) आदि शब्द बने हैं। बंगला में इसे निमोक या नून और तमिल, कन्नड आदि दक्षिणी भाषाओं में उप्पू कहते हैं, मराठी में नमक को मीठ और गुजराती में मिठु कहते हैं। इन दोनों शब्दों की व्युत्पत्ति संस्कृत के मिष्ट (मीठा, स्वादिष्ट) से हुई है।

लवण का उल्लेख **ऋग्वेद** में तो नहीं है, मगर **अथर्ववेद** (7.76.1) में है, जहां इसे गंडमाला के निवारण के लिए उपयोगी बताया गया है। बाद के वैदिक साहित्य में लवण को एक मूल्यवान वस्तु माना गया है। बुद्ध व महावीर के समय के अरण्यवासी तपस्वी अधिकतर कंद-मूल-फल आदि से अपना निर्वाह चलाते थे, परंतु नमकीन व खट्टी चीजें चखने के लिए (लोण आम्बिल सेवनत्थम्) वे बीच-बीच में पास की बस्तियों में पहुंच जाते थे। पाणिनि ने लवण को एक पण्य वस्तु बताया है और इसका व्यापार करने वाले को **लावणिक** कहा है। **सुश्रुत-संहिता** में सैंधव (सेंधा), सामुद्रक (समुद्रजल से बना), पक्त्रिम (पाक द्वारा बनाया), सौवर्चल, यवक्षार आदि कई प्रकार के लवणों का वर्णन है। कौटिल्य के **अर्थशास्त्र** (2.12.28-34) से जानकारी मिलती है कि मौर्यकाल में नमक के उत्पादन और वितरण पर नियंत्रण रखने के लिए **लवणाध्यक्ष** नामक अधिकारी नियुक्त किया जाता था। नमक उत्पादन के लिए शासन से अनुज्ञापत्र प्राप्त करना पड़ता था और उत्पादन कर तथा बिक्री-कर भी देने पड़ते थे। आयात किए गए नमक पर ज्यादा शुल्क देना पड़ता था। नमक में मिलावट करना एक दंडनीय अपराध था। क्षत्रियों, तपस्वियों और मजदूरों के भोजन के लिए नमक मुफ्त में मुहैया किया जाता था। मुगलों और मराठों के शासनकाल में भी नमक

के उत्पादन पर सरकार को शुल्क देना पड़ता था।

भारत के ब्रिटिश शासन के आरंभिक दौर में नमक का आयात इंग्लैंड से होता था। नमक-जैसी जीवनावश्यक वस्तु पर अंग्रेजी शासन ने भारी कर लगाया, तो राष्ट्रीय आंदोलन के नेताओं ने उसका जबरदस्त विरोध किया। अंत में गांधीजी के नेतृत्व में 1930 ई. में नमक-सत्याग्रह का जनांदोलन हुआ (दांडी यात्रा), तो नमक उत्पादन के बारे में कुछ सहूलियतें मिलीं।

नमक सत्याग्रह के बाद देश में नमक का उत्पादन बढ़ता गया, फिर भी स्वातंत्र्यपूर्व काल में इसका आयात होता रहा। मगर 1951 ई. से नमक का निर्यात शुरू हो गया और 1954 ई. से आयात पूर्ण रूप से बंद हो गया। आज दुनिया के नमक-उत्पादक देशों में भारत का स्थान पांचवां है। सबसे ज्यादा नमक पैदा करने वाला देश संयुक्त राज्य अमेरिका है। भारत में नमक का सबसे अधिक उत्पादन, करीब 65 प्रतिशत, गुजरात में होता है। इसमें भी 30 प्रतिशत अकेले सुरेंद्रनगर जिले में होता है। भारत में प्रतिवर्ष प्रमुखतः सौर वाष्पीकरण के जरिए करीब सवा करोड़ टन नमक पैदा किया जाता है।

नमक एक विशिष्ट स्वादवाला, मृदु, जलविलेय यौगिक है, जिसमें 39.4 प्रतिशत सोडियम और 60.6 प्रतिशत क्लोरीन होता है। आमतौर पर नमक में केल्सियम क्लोराइड, मैग्नीशियम क्लोराइड और केल्सियम सल्फेट जैसी अशुद्धियां मिश्रित रहती हैं। मैग्नीशियम क्लोराइड की उपस्थिति के कारण ही नमक आर्द्रता का अवशोषण करता है। शुद्ध नमक के स्फटिक बनते हैं, और ये रंगहीन तथा पारदर्शी होते हैं। नमक करीब 800 डिग्री सेल्सियस पर पिघलता है (गलनांक)

**चित्र 8.2 :** नमक को बोरियों में भरा जा रहा है

और करीब 1465 डिग्री सेल्सियस पर उबलता है (क्वथनांक)। बर्फ के साथ नमक मिलाने पर बर्फ का गलनांक नीचे चला जाता है, इसलिए इसका प्रशीतन कारक के रूप में व्यापक इस्तेमाल होता है। नमक की उपस्थिति में बैक्टीरिया और फंगस नहीं पनपते, इसलिए इसे मक्खन, पनीर आदि कई चीजों में मिलाया जाता है। यह मृत जीवों की सड़न को भी रोकता है। नमक बिजली का कुचालक है।

नमक प्रमुखतः समुद्रजल और लवणयुक्त झीलों से प्राप्त किया जाता है। खानों से भी नमक (खनिज लवण) निकाला जाता है। भारत में हिमाचल प्रदेश का मंडी जिला ही ऐसा क्षेत्र है जहां से अल्प मात्रा में खनिज लवण (सैंधव) प्राप्त किया जाता है। राजस्थान की सांभर, डीडवाना आदि कई झीलों के खारे पानी से भी नमक निकाला जाता है। मगर भारत में अधिकांश नमक, करीब 75 प्रतिशत, समुद्री जल के सौर वाष्पण द्वारा ही प्राप्त किया जाता है। समुद्री जल में औसतन लगभग 3.33 प्रतिशत नमक (सोडियम क्लोराइड) होता है। इस प्रकार समुद्री जल नमक का सबसे प्रचुर और अनंत स्रोत है।

समुद्री जल अनेक रसायनों का खजाना है। इसमें 70 से भी अधिक तत्व पाए जाते हैं। सौर वाष्पण के जरिए नमक प्राप्त करने की प्रक्रिया में जो चीज महत्व की भूमिका अदा करती है वह है समुद्री जल का विशिष्ट गुरुत्व, जिसे **बॉमेमीटर** द्वारा मापा जाता है और **डिग्री बॉमे** में व्यक्त किया जाता है। इनके बीच का संबंध-सूत्र है :

$$\frac{145}{145 - {}^{0}\text{बॉमे}} \text{ या}$$

$$^{0}\text{बॉमे} = 145 - \frac{145}{\text{वि.गु.}}$$

समुद्री जल का विशिष्ट गुरुत्व $3^{\circ}$ से $3.5^{\circ}$ बॉमे तक रहता है। विशिष्ट गुरुत्व $3.5^{\circ}$ बॉमे पर समुद्री जल का संयोजन प्रायः इस प्रकार रहता है :

**चित्र 8.3 :** ब्रोमीन प्लाट

| घटक | ग्राम/लीटर |
|---|---|
| कैल्सियम कार्बोनेट | 0.42 |
| कैल्सियम सल्फेट | 1.26 |
| सोडियम क्लोराइड | 27.21 |
| मैग्नीशियम सल्फेट | 1.66 |
| मैग्नीशियम क्लोराइड | 3.31 |
| मैग्नीशियम ब्रोमाइड | 0.72 |
| पोटेशियम क्लोराइड | 0.08 |

नमक प्राप्त करने के लिए समुद्री जल को उच्च ज्वार के समय या पंप करके नजदीक के जलाशयों में भर लिया जाता है। तब यह लवण जल सौर ऊष्मा के प्रभाव से धीरे-धीरे सांद्रित होता रहता है। लवण जल का घनत्व $10^\circ$ बॉमे हो जाने पर केल्सियम कार्बोनेट पृथक होने लगता है और $17^\circ$ बॉमे हो जाने पर कैल्सिमय सल्फेट (जिप्सम) भी अलग होने लग जाता है। उस अवस्था में लवण जल का आयतन मूल आयतन का लगभग 20 प्रतिशत रह जाता है।

जब समुद्री जल का सांद्रण धीरे-धीरे $25^\circ$ बॉमे पर पहुंचता है, तब उसका आयतन मूल आयतन के 12 प्रतिशत तक रह जाता है। उस समय उस सांद्रित जल को दूसरी क्यारियों में पहुंचाया जाता है। तब उन क्यारियों या जलाशयों की तली में नमक के स्फटिक बनने लग जाते हैं। तली में नमक की एक समुचित परत जमा हो जाने पर लकड़ी की फावड़ियों से उसे एकत्र कर लिया जाता है।

**चित्र 8.4 :** भावनगर के पास नमक की खेती

नमक निकलने के बाद जो द्रव बचता है उसका घनत्व करीब $30^\circ$ बॉमे होता है। उस द्रव में मैग्नीशियम सल्फेट, मैग्नीशियम क्लोराइड और मैग्नीशियम ब्रोमाइड जैसे लवण होने के कारण वह कड़वा होता है, इसलिए अंग्रेजी में उसे 'बिटर्न' नाम दिया गया है, बिटर्न से पोटाश, मैग्नीशियम और ब्रोमीन जैसी उपयोगी चीजें प्राप्त की जाती हैं।

सौर वाष्पण के जरिए समुद्री जल से मात्रा व गुणवत्ता की दृष्टि से बेहतर नमक का उत्पादन करने के लिए अनुकूल वातावरण तथा व्यवस्था के लिए अनुकूल मौसमी परिस्थितियां हैं :

| | |
|---|---|
| धूप वाले दिन | साल में 150 दिन |
| परिवेशी तापमान | $20^0$ से. $45^0$ से. |
| वायु वेग | 10 से 15 किलोमीटर |
| सापेक्ष आर्द्रता | 30 से 40 प्रतिशत |

समुद्री जंल से नमक (सोडियम क्लोराइड) प्राप्त होने के पहले जिप्सम (केल्सियम सल्फेट) के बड़े-बड़े स्फटिक प्राप्त होते हैं। इनमें मिट्टी और केल्सियम कार्बोनेट होने के कारण ये मटमैले होते हैं। फिर भी इनसे सामान्य किस्म का 'प्लास्टर ऑफ पेरिस' बनाया जाता है। भावनगर के 'नमक संस्थान' ने एक ऐसी विधि विकसित की है जिसके द्वारा इसी जिप्सम को 'अल्फा प्लास्टर ऑफ पेरिस' में रूपांतरित किया जा सकता है। इस प्रकार जो शक्तिशाली प्लास्टर बनता है उसका उपयोग कृत्रिम दांतों तथा धातुओं के सांचों को बनाने में होता है।

समुद्री जल से नमक का उत्पादन कर लेने के बाद बचे हुए द्रव (बिटर्न) से जो रसायन प्राप्त किए जाते हैं उनमें एक प्रमुख रसायन है ब्रोमीन। ब्रोमीन का उपयोग दवाओं, रंगों, फोटोग्राफी के रसायनों, कीटनाशकों, अग्निशामकों आदि में होता है। 'नमक संस्थान' ने समुद्री जल और बिटर्न से ब्रोमीन प्राप्त करने की टेक्नालॉजी विकसित की है। यह टेक्नालॉजी, एन.आर.डी.सी. के जरिए, व्यापारिक उत्पादन के लिए देश की दस कंपनियों को सौंपी गई है।

बिटर्न से $34.5^\circ$ बॉमे पर मैग्नीशियम सल्फेट (एप्सम सॉल्ट) प्राप्त होता है। यह एक मृदु विरेचक और एकमात्र जल-रेचक है। आजकल इसका इस्तेमाल कपड़ों की रंगाई और चमड़े को पकाने में भी होता है। बिटर्न से मैग्नीशियम और पोटेशियम के लवण भी प्राप्त किए जाते हैं।

नमक का उपयोग आहार, औषधोपचार और उद्योग-धंधों में होता है। मानव और पशुधन के पोषण तथा शारीरिक क्रिया के लिए नमक अत्यावश्यक है। हमारे

शरीर के विविध द्रवों और कोशिकाओं में कमोबेश मात्रा में नमक मौजूद रहता है। नमक पाचन-क्रिया तथा कोशिका-निर्माण में सहायक होता है। सामान्यतः मनुष्य को प्रतिदिन 5 से 10 ग्राम तक नमक की जरूरत पड़ती है; इतना ही उसे खाद्य पदार्थों से मिल जाता है। शारीरिक मेहनत करने वाले लोगों को थोड़ा ज्यादा नमक चाहिए। नमक की कमी होने पर सिरदर्द और स्नायु-दुर्बलता जैसे विकार होते हैं। ज्यादा नमक खाने पर रक्तचाप बढ़ने की संभावना रहती है।

मानव और पशुओं के अनेक रोगों में नमक और नमक के पानी का प्राचीन काल से औषद्य के रूप में इस्तेमाल होता आ रहा है। उचित मात्रा में लेने पर नमक पाचक, पौष्टिक, रेचक, वांतिकारक (वांति–उल्टी; *संस्कृत शब्द*) और कृमिनाशक होता है। इसका मोच के उपचार और गलगंड के निरोध में इस्तेमाल होता है। आयुर्वेद के अनेक उपचारों में नमक का उपयोग होता है। मनुष्य की तरह मवेशियों को भी नमक की आवश्यकता होती है। भारत में मवेशियों को प्राचीन काल से ही खनिज लवण चटाया जाता रहा है। मगर खनिज लवण (सेंधा) के अच्छे भंडार अब पाकिस्तान में चले गए हैं। भावनगर के 'नमक संस्थान' ने पशुओं के लिए सादे व खनिज नमक के पिंड तैयार करने का तरीका खोजा है। नमक के इन पिंडों में कुछ अन्य पोषक तत्व भी मिलाए गए हैं, जिससे गाय व भैंसे कुछ अधिक दूध देने लगी हैं। कुछ फसलों के लिए नमक का उर्वरक के रूप में इस्तेमाल किया जाता है।

यदि आदमी को प्रतिदिन के भोजन के जरिए पर्याप्त मात्रा में आयोडीन नहीं मिलता, तो उसकी थायरोएड ग्रंथि बड़ी हो जाती है और वह गले पर बाहर की ओर फूलकर गलगंड का रोग बन जाती है। भारत में करीब 15 करोड़ व्यक्ति आयोडीन-न्यूनता से प्रभावित हैं। मानव शरीर के लिए प्रतिदिन करीब 150 माइक्रोग्राम आयोडीन की आवश्यकता है। नमक–जैसी सस्ती चीज के माध्यम से इतना आयोडीन सुविधा से शरीर में पहुंचाया जा सकता है। नमक संस्थान ने आयोडीकरण के लिए नमक में पोटेशियम आयोडेट मिलाने की दो विधियां विकसित की हैं। भारत के लिए 15 पीपीएम (दस लाख में 15 भाग) वाले आयोडीन का स्तर निर्धारित किया गया है।

कई उद्योग धंधों में नमक का व्यापक उपयोग होता है। कहा जा सकता है कि नमक की खपत देश की औद्योगिक प्रगति का मापदंड होती है। नमक का सबसे ज्यादा उपयोग क्षार बनाने वाले कारखानों में कच्चे माल के रूप में होता है। धुलाई का सोडा, खाने का सोडा, कॉस्टिक सोडा, हाइड्रोक्लोरिक एसिड क्लोरीन आदि कई रसायनों के निर्माण का आधारभूत पदार्थ नमक है। चमड़ा पकाने, कपड़ों

की रंगाई व छपाई और कागज निर्माण आदि कई उद्योगों में नमक का काफी उपयोग होता है। अचार, मक्खन, मांस व मछली आदि को टिकाए रखने के लिए भी नमक का उपयोग किया जाता है।

विभिन्न उपयोगों के लिए कम-ज्यादा शुद्धता वाले नमक की आवश्यकता होती है। भारतीय मानक संस्थान ने यह सुनिश्चित कर दिया है कि किस उपयोग के लिए नमक कितना शुद्ध होना चाहिए, यानी उसमें सोडियम क्लोराइड का न्यूनतम प्रतिशत कितना रहना चाहिए। ये मानक निर्देश हैं। (प्रतिशत में) :

| | |
|---|---|
| खाद्य नमक | 96 |
| पशु उपभोग के लिए नमक | 90 |
| भोजन के लिए सुप्रवाही नमक | 97 |
| मक्खन व पनीर के लिए नमक | 99.6 |
| मछलियों के संसाधन के लिए नमक | 98 |
| चर्म संसाधन के लिए नमक | 81 |
| रासायनिक उद्योग के लिए नमक | 98 |
| औषधियों व भेषजों के लिए नमक | 99.5 |
| पशुओं के चाटने के लिए नमक | 88 |

पृथ्वी पर प्रारंभिक जीव-जंतुओं का विकास समुद्र के खारे पानी में हुआ, इसलिए नमक धरती के प्राणियों की एक बुनियादी आवश्यकता बन गया है। समुद्र का लवण जल इस आवश्यकता की सुदीर्घ काल तक पूर्ति करता रहेगा।

भावनगर के संस्थान की स्थापना प्रमुखतः नमक और समुद्री रसायनों से संबंधित अनुसंधान-कार्य के लिए हुई थी। जब इस क्षेत्र में काफी ठोस काम हो गया, तो संस्थान ने समुद्री शैवाल से संबंधित शोधकार्य को हाथ में लिया। मंडपम (तमिलनाडु) और बरहमपुर (उड़ीसा) में इस संस्थान के क्षेत्रीय केंद्र हैं। द्वारका और दीव में भी शैवाल एकत्र करने के केंद्र हैं। मैंने द्वारका और दीव, दोनों ही स्थलों की यात्रा की और शैवाल एकत्र करने की व्यवस्था को प्रत्यक्ष देखा। संस्थान ने जालों पर शैवाल की खेती करने की पद्धति विकसित की है।

समुद्र में मुख्यतः चार रंग की शैवालें पाई जाती हैं जो जीव-जंतुओं का भोजन हैं। मगर अब कई देशों की अर्थ-व्यवस्था में समुद्री शैवाल को महत्वपूर्ण स्थान प्राप्त हो गया। कई देशों में समुद्री शैवाल का उपयोग खाद्य, चारा, खाद, औषधि तथा उद्योगों में किया जाता है। इनकी भारतीय प्रजातियों में प्रोटीन तथा कार्बोहाइड्रेट की काफी मात्रा मौजूद है। आजकल व्यापारिक महत्व रखने वाले शैवाल पदार्थ हैं—एगार-एगार, एलाजिन और केरागिनन।

भारत के समुद्री जल में भूरी शैवाल की कई जातियां हैं। इनमें से एक विशेष जाति **सरगासम** से एल्जिनिक अम्ल और सोडियम एल्जीनेट प्राप्त करने की विधियां भावनगर के संस्थान ने विकसित की है। ये रसायन कपड़ा उद्योग में उपयोगी हैं। सोडियम एल्जीनेट एक बढ़िया जेली पदार्थ है, इसलिए इसका उपयोग आइसक्रीम, मुरब्बे, क्रीम, दवाइयां आदि बनाने में होता है।

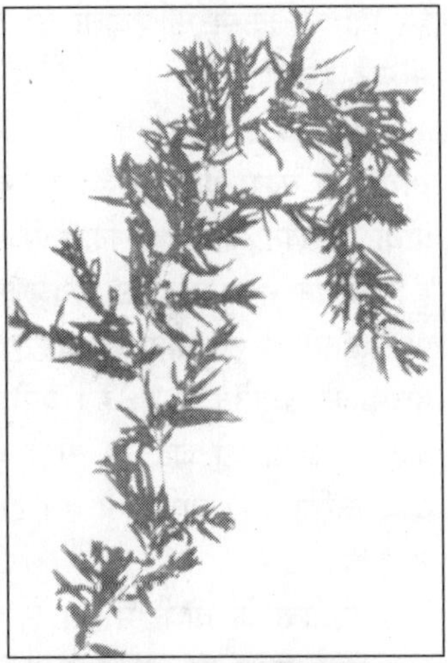

**चित्र 8.5 :** सरगासम शैवाल

लाल शैवाल में एगार-एगार और केरागिनन प्रचुर मात्रा में पाया जाता है। खाद्य पदार्थों में एगार-एगार का उपयोग सैकड़ों वर्षों से होता आ रहा है। भावनगर के संस्थान द्वारा विकसित प्रक्रिया के जरिए **ग्रासिलेरिया** और **जिलेडिएला** नामक शैवालों से एगार-एगार का निर्माण किया जा रहा है। विभिन्न जीवाणुओं की पहचान के लिए भी एगार-एगार कारगर सिद्ध हुआ है। केरागिनन की जेली कुछ पतली होने के कारण इसका उपयोग मिल्क चाकलेट और टूथ पेस्ट जैसी चीजें बनाने में होता है।

**चित्र 8.6 :** ग्रासिलेरिया शैवाल

हरी शैवाल की **अल्वा** और **ऐन्ट्रोमार्फा** जैसी जातियों से प्रोटीन, विटामिन, खनिज तथा आवश्यक अमीनो अम्ल प्राप्त होते हैं। सौराष्ट्र के समुद्र तट पर अधिकतर पाई जाने वाली **अल्वा** से इन सभी आवश्यक तत्वों को पृथक किया गया है।

कुछ देशों में विशिष्ट किस्म की शैवालों से आयोडीन प्राप्त किया जाता रहा है। भारत में पाए जाने वाली एस्पेरागोप्सिस नामक लाल शैवाल में आयोडीन पाया जाता है। समुद्र के आसपास रहने वाले लोगों के भोजन में इन शैवालों का समावेश रहता है, इसलिए इन्हें गलगंड (घेंघा) रोग नहीं होता। भावनगर संस्थान के वैज्ञानिक

इन विभिन्न किस्म के शैवालों की खेती करने की नई-नई तकनीकें विकसित करने में जुटे हुए हैं।

भारतीय समुद्र तट के किनारे-किनारे अर्धशुष्क बालू के टिब्बों के रूप में बहुत सारी भूमि बेकार पड़ी हुई है। इस बेकार पड़ी भूमि पर औद्योगिक दृष्टि से उपयोगी पौधों की खेती करने की दिशा में भावनगर के संस्थान ने कई सफल प्रयोग किए हैं। संस्थान ने गुजरात के अर्धशुष्क बालू के टिब्बों पर और उड़ीसा की उपआर्द्र परिस्थितियों में अरिजोना से लाए गए जोजोबा (साइमोंडसिया चाहनेसिस लिनिअस) पादप को प्रवर्तित किया है। करीब 3 मीटर की ऊंचाई तक पहुंचने वाली इस काष्ठिल झाड़ी की जड़ें 12 मीटर की गहराई तक चली जाती हैं। इस जाति की आयु करीब 150 वर्ष होती है। इसमें वर्ष में दो बार, गरमी तथा जाड़े में, फूल आते हैं।

जोजोबा के बीजों में 50 से 60 प्रतिशत तक मोम (तेल) होता है जो बड़े औद्योगिक महत्व का साबित हुआ है। रासायनिक दृष्टि से यह तिमि (स्पर्म ह्वेल) से काफी मिलता-जुलता है। यह तेल एक बढ़िया स्नेहक तो है ही, इसमें शैम्पू, क्रीम और साबुन–जैसी प्रसाधन सामग्री तैयार की जा सकती है। औषधि उद्योग में भी इसका उपयोग होता है।

जोजोबा की तरह ही अर्धशुष्क व लवणीय भूमि में पनपने वाला एक अन्य पौधा है **सल्वादोरा**। इसके बीजों में 30 से 40 प्रतिशत तक तेल होता है जिसका साबुन बनाने में उपयोग होता है। प्रक्षालन के साधनों में यह नारियल के तेल का स्थान ले सकता है। इसी तरह, संस्थान के वैज्ञानिकों ने और भी कुछ किस्म के

**चित्र 8.7 :** जोजोवा का बागान और उसका बीज

उपयोगी पौधे समुद्रतट के समीप की लवणीय भूमि में पनपाने में सफलता प्राप्त की है। दरअसल, रेतीली लवणीय जमीन में सैकड़ों किस्म के पेड़-पौधे फलते-फूलते रहते हैं। भावनगर में जब मैं नमक के खेत देख रहा था, तो जहां से लवण जल लिया जाता है वहां एक विशिष्ट प्रकार की साग के कई सारे छोटे-छोटे पौधे देखे। पता चला कि इसे 'मुरड़ की भाजी' कहते हैं। यह भाजी बहुत ज्यादा खारी होती है। व्रत-उपवास के दिन जो लोग सामान्य नमक का उपयोग नहीं करते वे नमकीन स्वाद के लिए इसी मुरड़ की भाजी का उपयोग करते हैं।

पानी जीवन की एक मूलभूत आवश्यकता है। भारत में ऐसे कई क्षेत्र हैं जहां पेयजल की कमी है। गुजरात (कच्छ व सौराष्ट्र), राजस्थान, उड़ीसा, तमिलनाडु, आंध्र प्रदेश, हरियाणा तथा कर्नाटक में ऐसे कई क्षेत्र हैं जहां के निवासियों को खारे पानी का ही पेयजल के रूप में इस्तेमाल करना पड़ता है। इस खारे पानी में कई बार कुछ ऐसे भी रसायन मिले होते हैं जो खास किस्म के रोगों को जन्म देते हैं। भावनगर के नमक व समुद्री रसायन अनुसंधान संस्थान ने खारे पानी को उपयुक्त पेयजल में बदलने की कुछ तकनीक विकसित की हैं। इनमें प्रमुख हैं : सौर आसवन (सोलर स्टिल्स), प्रतिलोमी परासरण (रिवर्स ओस्मोसिस) और विद्युत अपोहन (इलेक्ट्रो-डायलिसिस)।

संस्थान ने खारे पानी के अपक्षारीकरण के लिए सौर आसवन यंत्रों का विकास

**चित्र 8.8 :** इलेक्ट्रो डायलिसिस यंत्र

करके उन्हें गुजरात व राजस्थान के कई गांवों में स्थापित किया है। पानी के अपक्षारीकरण के लिए प्रतिलोमी परासरण एक बहुत ही कारगर विधि सिद्ध हुई है। इसमें उपयुक्त पोलीमर पदार्थ से बने हुए एक पारगम्य मेंब्रेन का पानी के अपक्षारीकरण के लिए उपयोग किया जाता है। खारे पानी को बालू से छानने के बाद काफी दबाव के साथ एक ऐसी योजना में से गुजारा जाता है जिसमें मेंब्रेन स्थापित रहता है। इस मेंब्रेन की विशेषता यह है कि यह लवण को तो ज्यादा से ज्यादा रोक लेता है, परंतु शुद्ध जल को आर-पार निकलने देता है। इस मेंब्रेन को एक साल से भी अधिक समय तक बदलने की जरूरत नहीं होती। भावनगर के संस्थान ने रिवर्स ओस्मोसिस की इस टेक्नालॉजी को व्यापारीकरण के लिए कई संगठनों को सौंपा है।

इस टेक्नालॉजी का अन्य कई औद्योगिक समस्याओं के समाधान के लिए भी उपयोग संभव है। प्रदर्शन के लिए संस्थान ने एक मोटर-गाड़ी में भी चलता-फिरता रिवर्स औस्मोसिस संयंत्र स्थापित किया है। यह टेक्नालॉजी संस्थान की एक प्रमुख उपलब्धि है और भविष्य की दृष्टि से, विशेषतः समुद्री जल को पेयजल में बदलने की दृष्टि से, इसका बड़ा महत्व है।

**चित्र 8.9 :** रिवर्स ओस्मोसिस संयंत्र

धुलाई-पाउडर के उत्पादन में एक महत्वपूर्ण घटक होता है–सोडियम ट्राइपोली फॉस्फेट (एसटीपीपी)। मगर एसटीपीपी के साथ जल-प्रदूषण की समस्या जुड़ी हुई है, इसलिए कई पश्चिमी देशों में एसटीपीपी के स्थान पर अपमार्जन (डिटरजेंट) स्तर के जिलोलाइट का उपयोग किया जा रहा है। भावनगर के संस्थान ने भी अपमार्जन स्तर के जिलोलाइट के निर्माण की टेक्नालॉजी का विकास किया है और इसे **जिलोलाइट-ए** का नाम दिया है।

भारत में धुलाई-पाउडर की मांग दिनोंदिन बढ़ती जा रही है। आज इसकी प्रतिवर्ष मांग करीब 15 लाख टन है। मगर एसटीपीपी का उपयोग करने वाला धुलाई-पाउडर जल को प्रदूषित करता है, इसलिए देर-सवेर ऐसे अपमार्जक का उत्पादन आवश्यक हो जाएगा जिसमें फॉस्फेट न हो। **जिलोलाइट-ए** एक ऐसा ही

अपमार्जक है। इसे सोडियम एल्युमिनेट और सोडियम सिलिकेट के मेल से बनाया जाता है। भावनगर के संस्थान ने हाल ही में जिओलाइट-ए के निर्माण की टेक्नालॉजी, **एन.आर.डी.सी.** के जरिए, नेशनल एल्युमिनियम कारपोरेशन लिमिटेड (नालको) को बेची है–1.35 करोड़ रुपयों की एकमुश्त अदायगी में टेक्नालॉजी स्थानांतरण के इतने बड़े सौदे के बाद सी एस एम सी आर आई के निदेशक प्रो. पी. नटराजन का नई दिल्ली से भावनगर के अपने संस्थान में लौटने पर बाजे-गाजे के साथ स्वागत हुआ, तो इसमें आश्चर्य की कोई बात नहीं है। मैं उस समय सी एस एम सी आर आई में ही था।

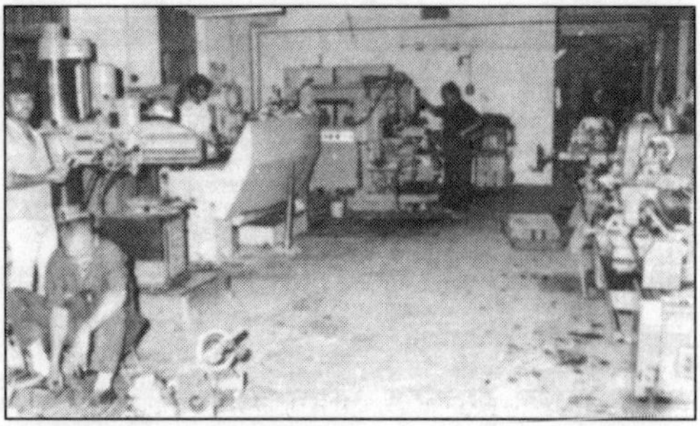

**चित्र 8.10 :** भावनगर संस्थान की समुन्नत कार्यशाला (वर्कशाप)

देश में राष्ट्रीय प्रयोगशालाओं की स्थापना आजादी के बाद से होने लगी, इसलिए कुछ संस्थानों के लिए भूतपूर्व महाराजाओं के महल सहज उपलब्ध हो गए। जैसे, लखनऊ के औषधि अनुसंधान संस्थान के लिए छत्तर मंजिल और मैसूर के खाद्य अनुसंधान संस्थान के लिए चेलुवाम्बा महल। इसी तरह, भावनगर के महाराजा ने 'ताज होटल' नामक अपना भव्य अतिथि-गृह नमक व समुद्री रसायन अनुसंधान संस्थान के लिए सौंप दिया। भारतीय गणराज्य में सम्मिलित होने वाला भावनगर संभवतः पहला राज्य था।

भावनगर कुछ अलग-थलग पड़ा हुआ जान पड़ता है; संस्थान के कुछ वैज्ञानिक ऐसा ही महसूस करते हैं। मगर यह एक खूब साफ-सुथरा शहर है। हां, यहां जलवायु शुष्क है, गरमी ज्यादा पड़ती है, बारिश कम होती है। और गरमी में पेयजल की किल्लत रहती है। मगर संस्थान पानी की आपूर्ति के मामले में आत्मनिर्भर है। वजह है–संस्थान के परिसर में मौजूद एक पुराना बड़ा कुआं, जिसका पानी गरमी में भी नहीं टूटता!

अध्याय-9

# राष्ट्रीय समुद्र विज्ञान संस्थान

(गोवा)

समुद्र से तीन ओर से घिरे होने के कारण भारत के लिए समुद्र का अपना विशेष महत्व है। इसमें जीवनयापन करने वाले जीवों की विविधता अचरज भरी तो है ही, इसकी तलहटी में पाए जाने वाले खनिजों की सम्पदा हमारे लिए अत्यन्त आर्थिक महत्व की है। यही नहीं, मौसम को प्रभावित करने की इसकी क्षमता हमारे जीवन के हर पहलू को आवृत्त करती है। इन्हीं कारणों से समुद्र के विषय में हमारी हर जिज्ञासा को शांत करने का प्रयत्न कर रहा राष्ट्रीय महत्व का संस्थान है राष्ट्रीय समुद्र विज्ञान संस्थान।

मेरे सामने आलुओं के आकार-प्रकार के कुछ पिंड हैं। रंग इनका गहरा भूरा-काला है। कुछ की सतह चिकनी है, तो कुछ की खुरदरी। कुछ भारी हैं, तो कुछ हलके। लगता है जैसे राख व कोयले के चूरे से बनाए गए हों, मगर बात ऐसी नहीं है। ये पिंड कई धातुओं के मेल से बने हैं। इन्हें कुदरत ने बनाया है। मगर ये धरातल पर नहीं बने हैं। इन्हें जमीन के भीतर की किसी गहरी खान से भी नहीं निकाला गया है। ये उल्का-पत्थरों की तरह आसमान से भी नहीं गिरे हैं, न ही इन्हें-चंद्रतल से लाया गया है। तो बताइए ये पिंड कहां से आया। यदि–यह भी बता

**चित्र 9.1 :** राष्ट्रीय समुद्र विज्ञान संस्थान, गोवा

दूं कि ये चंद्र-पिंड मुझे गोवा के राष्ट्रीय समुद्र विज्ञान संस्थान से तोहफे के रूप में मिले हैं, तब भी इनके स्रोत-स्थान को ठीक-ठीक बता पाना संभव नहीं होगा इसलिए मैं ही बता देता हूं : ये धातुपिंड गोवा से पश्चिम की ओर करीब 2500 किलोमीटर दूर के मध्य हिंद महासागर के एक स्थान से, लगभग 5 किलोमीटर गहरी तली से, निकाले गए हैं। मध्य हिंद महासागर के एक विस्तृत क्षेत्र में, और अन्य कई सागरों में भी, इन धातुपिंडों की चादर-सी बिछी हुई है। ये पिंड कई धातुओं के मेल से बने हैं, इसलिए इन्हें बहुधात्विक पिंड कहा जाता है।

भविष्य की दृष्टि से इन बहुधात्विक पिंडों का बड़ा महत्व है। इनमें आर्थिक व औद्योगिक दृष्टि से महत्वपूर्ण मैगनीज, लोहा, तांबा, निकल, कोबाल्ट और कहीं-कहीं मालिब्डेनम भी मौजूद रहता है। कोबाल्ट बहुत ज्यादा उष्णता सहन करने वाली एक बेहद कठोर और भंगुर धातु है। उच्चतापसह इस विशिष्ट धातु का उपयोग मुख्यतः जेट-विमानों, वायुयानों के पुर्जों, अस्त्र-शस्त्रों के निर्माण और इलेक्ट्रोनिक उद्योग में होता है। आज भारत में कोबाल्ट का शत-प्रतिशत आयात होता है। निकल का उपयोग इस्पात उद्योग में और सिक्के आदि बनाने में होता है। देश में इसकी मांग का 65 प्रतिशत आयात किया जाता है।

तांबे की मांग दिनोंदिन बढ़ती जा रही है। इसके विशिष्ट गुण (विद्युत चालकता, तन्यता आदि) इसे विद्युत उपकरणों, तारों, दूर-संचार आदि के लिए जरूरी बना देते हैं। भारत में इसकी मांग का भी करीब 65 प्रतिशत आयात किया जा रहा है। मगर मैगनीज के मामले में भारत एक सम्पन्न देश है और हम इसका निर्यात भी कर रहे हैं। मैंगनीज के कुल उत्पादन की करीब 50 प्रतिशत खपत इस्पात उद्योग में हो जाती है। मगर इसकी खपत तेजी से बढ़ रही है, इसलिए इसके वर्तमान भंडार समाप्त होने में बहुत देर नहीं लगेगी। तब सागरतल से निकाले गए बहुधात्विक पिंडों से निकल, कोबाल्ट और तांबे के साथ-साथ मैगनीज को भी प्राप्त करना आवश्यक हो जाएगा।

बहुधात्विक पिंड प्रमुखतः ऑक्सीकृत मैंगनीज और लोहे के बने होते हैं और इनमें लगभग 3 प्रतिशत तक निकल, कोबाल्ट व तांबा उपलब्ध हैं। मध्य हिंद महासागर बेसिन में उपलब्ध धात्विक पिंडों में धातुओं का औसत प्रतिशत इस प्रकार है :

| | |
|---|---|
| मैगनीज | 26.10 |
| लोहा | 7.60 |
| तांबा | 1.16 |
| निकल | 1.20 |
| कोबाल्ट | 0.12 |

सागरों से मनुष्यों का नाता बहुत पुराना है। बहुत प्राचीन काल से मनुष्य सागरों की दूर-दूर तक यात्राएं करता रहा है, सागरों की सतही हलचलों के बारे में जानकारी एकत्र करता आ रहा है। सागरों की अथाह गहराई में उतरकर वहां की वास्तविक सम्पदा को जानना आधुनिक काल में ही संभव हुआ है। गहरे समुद्र की पहली बार व्यापक छानबीन करने का श्रेय ब्रिटिश नौसेना के **चैलेंजर** जहाज के अभियान (1872-76 ई.) को जाता है। उसी अभियान के दौरान 7 मार्च, 1873 को पहली बार एक ड्रेज के जरिए समुद्रतल से बहुधात्विक पिंड एकत्र किए गए थे। इन पिंडों में मैंगनीज का बाहुल्य होने के कारण आरंभ में इन्हें **मैंगनीज पिंड** का नाम दिया गया था। अभियान-दल के रसायनज्ञ ने इन पिंडों के बारे में अपने पिता को एक पत्र में लिखा था–"यद्यपि इतने गहरे समुद्र से मैंगनीज पिंड निकालने की संभावना अभी कम है, परंतु इनकी मौजूदगी भविष्य में कभी भूविज्ञान के क्षेत्र में जरूर ही महत्वपूर्ण सिद्ध हो सकेगी"।

चैलेंजर अभियान के बाद बहुधात्विक पिंडों का वैज्ञानिक अध्ययन तो होता रहा, मगर समुद्रतल से इनके उत्खनन को कोई महत्व नहीं दिया गया। सन् 1965 में जे.एल. मेरो नामक वैज्ञानिक ने इन पिंडों के आर्थिक महत्व के बारे में लिखा– "समुद्र में मौजूद इन पिंडों के कुछ संग्रह का केवल 10 प्रतिशत भी खनन की दृष्टि से लाभकारी हो, तब भी इनमें उपस्थित धातुएं हमारे लिए हजारों साल तक

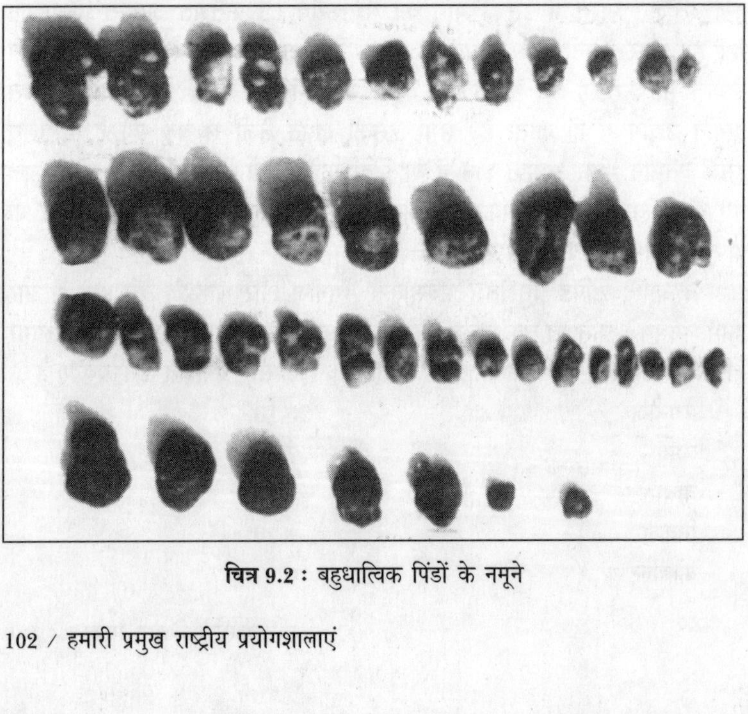

**चित्र 9.2 :** बहुधात्विक पिंडों के नमूने

उपलब्ध हो सकेंगी...जिस तरह इस समय किनारे से बालू खोदना संभव है, उसी तरह कुछ सालों बाद हजारों मीटर गहराई से खनिज खोदना और लगभग 20 वर्षों बाद गहन समुद्र (औसत गहराई 4500 मीटर) से इन पिंडों का खनन संभव हो सकेगा।"

आरंभ में मेरो के इस कथन का कुछ लोगों ने भले ही मजाक उड़ाया हो, मगर इसे एक वास्तविकता में बदलने में ज्यादा देर नहीं लगी। इसमें भारत ने भी काफी महत्व की भूमिका अदा की है। सन् 1977 से गोवा के राष्ट्रीय समुद्र विज्ञान संस्थान ने इन पिंडों के सर्वेक्षण की योजनाएं बनानी शुरू की। **डॉ. सैयद जहूर कासिम** उस समय संस्थान के निदेशक थे। उन्हीं के नेतृत्व (1980-81) में नौ व्यक्तियों के एक दल ने एक अन्वेषक जहाज पर सवार होकर अरब सागर में धात्विक पिंडों की तलाश का काम शुरू कर दिया। सन् 1981 में गणतंत्र दिवस को इस भारतीय अभियान-दल ने अरब सागर की करीब 5 किलोमीटर गहराई से पहला बहुधात्विक पिंड खोज निकाला। उसके बाद 1982 से इस योजना पर जोर-शोर से कार्य आरंभ हो गया।

**चित्र 9.3 :** बहुधात्विक पिंडों को एकत्र करके ऊपर लाने वाला उपकरण (ग्रैब)

गोवा के समुद्र विज्ञान संस्थान ने अनुसंधान पोतों की व्यवस्था की और समुद्र में गहराई में धात्विक पिंडों के सर्वेक्षण तथा उनके खनन के लिए विविध प्रकार के यंत्रोपकरण जुटाए। कई साल तक मध्य हिंद महासागर के 4.41 लाख वर्ग किलोमीटर क्षेत्र में व्यापक सर्वेक्षण किया गया। इसके पहले **अंतर्राष्ट्रीय समुद्र तल प्राधिकरण** ने भारत को मध्य हिंद महासागर के 3,00,000 वर्ग किलोमीटर क्षेत्र में 'प्रारंभिक कार्य' करने यानी धात्विक पिंडों की खोजबीन करने की अनुमति दी थी।

इसके साथ ही भारत को **प्राथमिक पूंजी निवेशक** (पायनियर इन्वेस्टर) देश स्वीकार किया गया। यह दर्जा प्राप्त करने वाला भारत दुनिया का पहला विकासशील देश था। अंततः 17 अगस्त, 1987 को एक पूंजी निवेशक देश के रूप में भारत को मध्य हिंद महासागर के 1,50,000 वर्ग किलोमीटर 'पायोनियर क्षेत्र' में धात्विक पिंडों के व्यापारी खनन के अधिकार मिल गए। इस प्रकार, मध्य हिंद महासागर के एक विशाल क्षेत्र में 5000 मीटर की गहराई में मौजूद धात्विक पिंडों के खनन के संपूर्ण अधिकार प्राप्त करने वाला भारत दुनिया का पहला देश बन गया।

भारत के कई वैज्ञानिक संस्थानों व विश्वविद्यालयों में बहुधात्विक पिंडों के बारे में मूलभूत अनुसंधान हो रहा है। पांच हजार मीटर की गहराई से इन पिंडों को ऊपर लाने की एअर लिफ्ट पद्धति, शटल पद्धति, डैग ड्रेज आदि की प्रौद्योगिकी

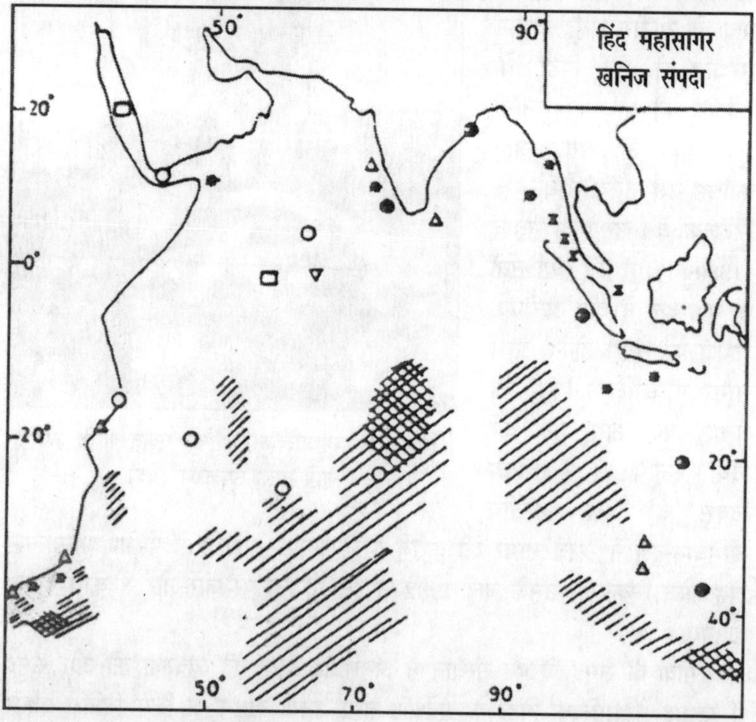


चित्र 9.4 : △ टाईटेनियम-युक्त भारी खनिज बालू ● रेअर अर्थ-युक्त भारी खनिज बालू ⧗ टिन-युक्त भारी बालू ✱ फासफोराइट ○ धातु-युक्त परतें ▢ धातु-युक्त सेडीमेंट ▽ गंधकी धातु-युक्त खनिज ▨ मैंगनीज पिंड क्षेत्र ▦ मैंगनीज पिंड के क्षेत्र जो आर्थिक दृष्टि से महत्वपूर्ण हैं।

विकसित की जा रही है। धात्विक पिंडों से विभिन्न धातुओं को अलग करने के उपयुक्त तरीके भी खोजे जा रहे हैं। इस बात का भी अध्ययन हो रहा है कि इन पिंडों के खनन से समुद्री पर्यावरण किस सीमा तक प्रभावित होगा। सारांश यह कि नातिदूर भविष्य में जब बहुधात्विक पिंडों का खनन आवश्यक हो जाएगा, तब भारत उसके लिए हर तरह से समर्थ रहेगा।

महाभारत, रामायण और पुराणों में **समुद्र-मंथन** के बारे में एक दिलचस्प कथा पढ़ने को मिलती है। देवताओं और असुरों ने अमृत की प्राप्ति के लिए समुद्र को मथने का निश्चय किया। मंदराचल पर्वत को मधानी बनाया गया और वासुकि नाग को रस्सी। समुद्र-मंथन में सबसे पहले हालाहल विष निकला जिसे भगवान शंकर

चित्र 9.5 : पुराण कथा का समुद्र मंथन

ने पी लिया। उसके बाद कामधेनु, कल्पवृक्ष, घोड़ा, हाथी, कौस्तुभ मणि, लक्ष्मी आदि 'रत्न' निकले। अंत में धन्वन्तरि अपने हाथ में अमृत का कलश लेकर प्रकट हुए। कथा सर्वत्र एक जैसी नहीं है; रत्नों के प्रकट होने के क्रम और इनके नामों में भी एकरूपता नहीं है। मगर कथा का अंत यह है कि अमृत के लिए देवताओं और असुरों में जबरदस्त कलह हुआ, जिसमें देवताओं की विजय हुई।

स्पष्ट है कि यह कथा एक मिथक है। इससे यह पता चलता है कि उस समय का मानव-समाज सागरों से कई उपयोगी चीजें प्राप्त करने लगा था। इसलिए उनका सोचना स्वाभाविक ही था कि जिस तरह दही को मथने से मट्ठा व मक्खन जैसी उपयोगी चीजें प्राप्त होती हैं, उसी तरह समुद्र का मंथन या अन्वेषण करने से भी कई जीवनोपयोगी वस्तुएं प्राप्त हो सकती हैं परंतु सागरों की अतल गहराइयों में उतर पाना उनके लिए अभी संभव नहीं था, इसलिए सागर-सम्पदा के बारे में वे केवल कल्पना ही कर सकते थे, मिथक ही गढ़ सकते थे। हां, उस प्राचीन काल में भी दूर-दूर की समुद्र यात्राएं करके उन्होंने अपने साहस का भरपूर परिचय दिया। इन यात्राओं से उन्हें समुद्रों की सतही हलचलों के बारे में बहुत-सी बातों का पता चला। समुद्री तटक्षेत्र के निवासी बहुत प्राचीन काल से समुद्री सम्पदा (मत्स्य,

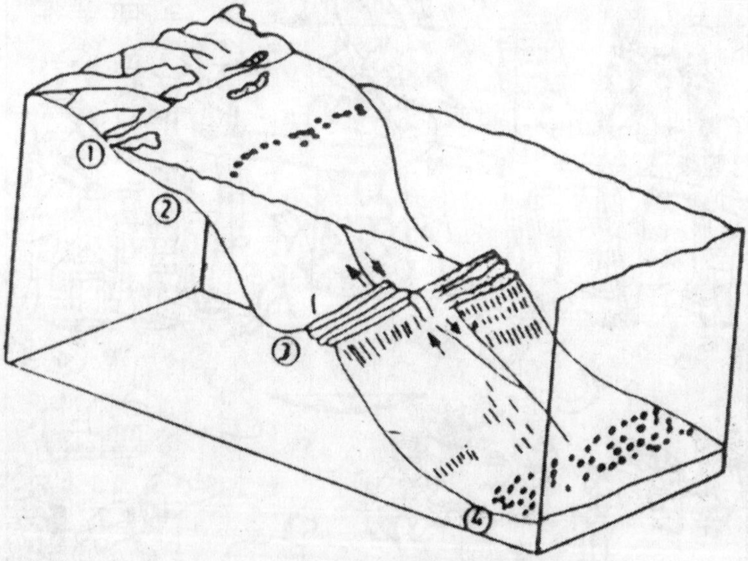


**चित्र 9.6 :** (1) भारी खनिज-युक्त बालू (2) फासफोराइट
(3) बहु धातु-युक्त गंधकीय खनिज (4) बहु धातु-युक्त मैंगनीज पिंड

शैवाल, नमक, शंख-सीपी, मोती, औषधि आदि) का उपयोग करते आ रहे हैं।

मगर सागरों का व्यापक वैज्ञानिक अन्वेषण पिछली सदी के उत्तरार्ध में जहाज के अभियान (1872-76 ई.) से, ब्रिटिश शासन के दौरान, भारत में भी इस दिशा में छोटे-मोटे प्रयास शुरू हो गए। मगर सागरीय अन्वेषण के ठोस प्रयास आजादी मिलने के बाद ही संभव हो सके। भारत सरकार ने मंडपम् में 1947 ई. में **केंद्रीय समुद्री मात्स्यिकी अनुसंधान संस्थान** की स्थापना की। एक साल डॉ. एन. के. पणिक्कर इस संस्थान के निदेशक नियुक्त हुए। बाद में डॉ. पणिक्कर ने भारत में समुद्र विज्ञान के विकास में बड़े महत्व की भूमिका अदा की।

**चित्र 9.7 :** डॉ. एन. के. पणिक्कर

भारत के लिए हिंद महासागर का विशेष महत्व है। द्वीपों सहित भारत की तटरेखा करीब 7500 किलोमीटर लंबी है। देश के करीब 20 करोड़ लोगों का जीवन प्रत्यक्ष रूप से समुद्र पर निर्भर रहता है। हिंद महासागर में जन्म लेने वाले मानसूनों पर सारे लोगों का जीवन आश्रित है। दुनिया का यही एक महासागर है जिसे एक देश का, हमारे देश का, नाम दिया गया है। मगर दुनिया का यही एक महासागर है जिसका सबसे कम अध्ययन हुआ है। इसकी एक वजह यह भी है कि हिंद महासागर की अपनी कुछ अलग विशेषताएं हैं इसलिए 1960 ई. में **यूनेस्को और अंतर्राष्ट्रीय महासागर विज्ञान आयोग ने मिलकर अंतर्राष्ट्रीय हिंद महासागर अभियान नामक** एक योजना का कार्यान्वयन शुरू कर दिया। इसमें भारत सहित दुनिया के 20 देशों के 40 जहाजों ने भाग लिया। यह अभियान 1965 ई. तक चला। भारत के चार जहाजों और अनेक वैज्ञानिकों ने इस अभियान में महत्वपूर्ण सक्रिय भूमिका अदा की।

सन् 1960 में ही भारत सरकार ने प्रसिद्ध भूविज्ञानी डॉ. डी. एन. वाडिया की अध्यक्षता में महासागर अनुसंधान के लिए एक भारतीय राष्ट्रीय समिति का गठन किया। इस समिति का प्रमुख कार्य था अंतर्राष्ट्रीय हिंद महासागर अभियान के लिए एक सहयोगी प्रोग्राम आयोजित करना। डॉ. पणिक्कर इस प्रोग्राम के निदेशक थे। उसी दौरान, 1962 ई. में यूनेस्को और अंतर्राष्ट्रीय महासागर विज्ञान आयोग के सहयोग से कोच्चि (कोचीन) में एक **हिंद महासागर जैव केंद्र** की स्थापना की गई। इस केंद्र का प्रमुख कार्य था हिंद महासागर अभियान के दौरान एकत्र

किए गए प्राणिप्लवकों (जूप्लेंकटन) अन्वेषण व वर्गीकरण करना। केंद्र ने यह काम पूरा किया। यहां से अंततः प्राणिप्वकों के नमूनों के बारे में कई शोध-प्रबंध और 10 एटलस प्रकाशित हुए।

हिंद महासागर अभियान में भाग लेने के कारण भारत में सागरों के अध्ययन के लिए कई साधन जुट गए और सागर विज्ञानियों का एक कुशल दल भी तैयार हो गया। इसलिए महासागर अनुसंधान के लिए जो राष्ट्रीय समिति बनी थी उसने सुझाव दिया कि इन उपलब्धियों का लाभ उठाने के लिए एक सागर विज्ञान संस्थान की स्थापना की जाए। सरकार ने प्रस्ताव स्वीकार कर लिया। जनवरी 1966 में वैज्ञानिक और औद्योगिक अनुसंधान परिषद् (सी.एस.आई.आर.) के अंतर्गत **राष्ट्रीय समुद्र विज्ञान संस्थान** (नेशनल इंस्टीट्यूट ऑफ ओशनोग्राफी, **एन.आइ.ओ.**) की स्थापना की गई। डॉ. एन. के. पणिक्कर संस्थान के पहले निदेशक नियुक्त हुए। आरंभ में करीब दो साल तक इस संस्थान का मुख्यालय दिल्ली में रहा। फिर 1969 ई. में इसे स्थायी तौर पर गोवा में स्थानांतरित कर दिया गया। एक ओर मांडोवी नदी और दूसरी ओर जुवारी नदी से घिरा और सामने अरब सागर की ओर देखता हुआ देश का यह संस्थान पिछले तीन दशकों से समुद्र विज्ञान के अध्ययन में जुटा हुआ है और सही अर्थ में समुद्र-मंथन करने में लगा हुआ है। मुंबई, कोच्चि व वाल्टेयर में इस संस्थान के केंद्र हैं।

समुद्र के अध्ययन के लिए अन्वेषक जहाजों और नौकाओं की आवश्यकता होती है। दिसंबर 1975 में एन.आई.ओ. ने अपने लिए करीब 68 मीटर लंबा और 12 मीटर चौड़ा **गवेषणी** नामक एक अन्वेषक जहाज प्राप्त किया। इसमें 19

**चित्र 9.8 :** अन्वेषक जहाज गवेषणी

वैज्ञानिक लगातार 25 दिन तक काम कर सकते हैं। एन.आई.ओ. ने अरब सागर में बंगाल की खाड़ी की कई सौ यात्राएं करके बहुत सारी जानकारी हासिल की है। गवेषणी ने समुद्री मत्स्य सम्पदा के साथ-साथ खनिज सम्पदा के लिए भी दोनों सागरों में सर्वेक्षण किया है। इस जहाज ने तेल व प्राकृतिक गैस आयोग (ओएन-जीसी) के लिए भी कार्य किया है। बाम्बे हाई से मुंबई तक कच्चा तेल ले जाने के लिए 160 किलोमीटर लंबी जो पाइप-लाइन समुद्र में बिछाई गई है उसके लिए सर्वेक्षण गवेषणी द्वारा ही किया गया था। इसी तरह, दो और पाइप-लाइनों के लिए भी गवेषणी ने सर्वेक्षण किया है। गवेषणी ने कई विदेशी बंदरगाहों की यात्रा की और सेशेल्स तथा श्रीलंका के अनन्य आर्थिक समुद्री क्षेत्रों का भी सर्वेक्षण किया है।

**चित्र 9.9 :** एन.आई.ओ. द्वारा विकसित स्वचालित मौसम स्टेशन

**चित्र 9.10 :** एन.आई.ओ. द्वारा विकसित स्थिर उत्प्लव

समुद्र के व्यापक वैज्ञानिक अध्ययन में तेजी लाने के लिए भारत सरकार ने 1981 ई. में **महासागर विकास विभाग** की स्थापना की। इसके साथ ही 'समुद्र नीति' की भी घोषणा की गई। महासागर विकास की स्थापना के बाद इसे सबसे पहले जो जिम्मेदारी सौंपी गई वह थी–प्रथम अंटार्कटिका अभियान का आयोजन करना। दिसंबर 1981 में भारत का पहला अंटार्कटिका

अभियान गोवा से रवाना हुआ। इसका नेतृत्व डॉ. सैयद जहूर कासिम ने किया। अभियान-दल 12 जनवरी 1982 के दिन अंटार्कटिका की भूमि पर उतरने में सफल हुआ। तब से अब तक 15 वैज्ञानिक अभियान अंटार्कटिका भेजे गए हैं। इस तरह प्रति वर्ष एक अभियान भेजना हमारी एक प्रमुख उपलब्धि रही है। सन् 1983 में उस बर्फीले महाद्वीप में भारत का एक स्थायी केंद्र स्थापित किया गया और उसे **दक्षिण गंगोत्री** नाम दिया गया। जब इस केंद्र की उपयोगिता समाप्त हो गई, तो इसके करीब 100 किलोमीटर दक्षिण में शिरमोखेर पर्वत श्रेणी में एक नया केंद्र स्थापित करके उसे **मैत्री** नाम दिया गया।

**चित्र 9.11 :** डॉ. एस.टी. कासिम (द्वितीय डायरेक्टर)

**मैत्री** एक अंतर्राष्ट्रीय केंद्र है। यहां वैज्ञानिक पूरे साल भर रहकर कार्य करते हैं। यहां करीब 23 व्यक्तियों के रहने की समुचित व्यवस्था है। यहां विज्ञान के विविध क्षेत्रों में खोजबीन करने के भी साधन जुटाए गए हैं। उपग्रह, टेलीफोन, टेलेक्स और फैक्स की संचार प्रणालियों से यह केंद्र भारत भूमि से जुड़ा हुआ है। इन ठोस प्रयासों के कारण भारत को अंटार्कटिका संधि का एक परामर्शक सदस्य चुन लिया गया है। सन् 1984 में भारत को अंटार्कटिका अनुसंधान के लिए बनी वैज्ञानिक समिति का भी सदस्य चुना गया।

ध्रुवीय प्रदेश का अनुसंधान भारत के लिए एकदम नया प्रयास था। अंटार्कटिका अभियानों से जो सामग्री और जो सूचनाएं एकत्र हुई हैं उन पर देश के करीब दो दर्जन वैज्ञानिक संस्थानों में शोधकार्य हो रहा है। गोवा में एक नए **अंटार्कटिका अध्ययन केंद्र** की भी स्थापना की गई है।

समुद्री कानून एक काफी जटिल विषय रहा है। किसी राष्ट्र की सीमा समुद्र में कहां तक हो या समुद्र में सीमा-प्रहरी कहां तक बैठाए जाएं, इस बात को लेकर देशों के बीच काफी झगड़े होते रहे हैं। अंत में मार्च 1977 में तटरेखा से 200 समुद्री मील (320 किलोमीटर) तक राष्ट्र के आर्थिक अधिकार का कानून पक्का बना दिया गया। यह क्षेत्र **अनन्य आर्थिक क्षेत्र** कहलाता है। यह क्षेत्र विपुल मत्स्य सम्पदा और खनिजों का भंडार है। लक्षद्वीप, अंडमान-निकोबार आदि द्वीपों सहित भारत की सम्पूर्ण तटरेखा लगभग 7500 किलोमीटर लंबी है। अतः हमें जो विशाल अनन्य आर्थिक क्षेत्र उपलब्ध हुआ है वह भारत-भूमि के लगभग तीन-चौथाई भाग

के बराबर है। इस अनन्य आर्थिक क्षेत्र के समुचित उपभोग के लिए उपयुक्त साधन जुटाना जरूरी है।

हमारे समय के इसी 'समुद्र-मंथन' के लिए महासागर विकास विभाग ने मार्च 1983 में आधुनिक यंत्रोपकरणों से सज्जित **सागर-कन्या** नामक एक अन्वेषक जहाज प्राप्त किया। जर्मनी में बना यह जहाज करीब 100 मीटर लंबा और 16.4 मीटर चौड़ा है। यह सतत 45 दिन तक समुद्र में रह सकता है और इसमें 32 वैज्ञानिक काम कर सकते हैं। इसमें समुद्री रसायन, भौतिकी, जैविकी व भूभौतिकी के क्षेत्रों में और मौसम विज्ञान के बारे में खोजबीन करने के उन्नत साधन मौजूद हैं। सागरतल के चित्र उतारने के लिए इसमें पानी के भीतर काम करने वाला टी.वी. कैमरा स्थापित किया गया है। इस जहाज ने हिंद महासागर में अब तक कई सौ यात्राएं की हैं। इस जहाज ने दूसरे कई देशों की यात्राएं भी की हैं और उनके अनन्य आर्थिक क्षेत्र के सर्वेक्षण में सहयोग दिया है।

**चित्र 9.12 :** अन्वेषक जहाज सागर-कन्या

फिर नवंबर 1984 में महासागर विकास विभाग ने डेनमार्क से **सागर-सम्पदा** नामक एक और अन्वेषक जहाज प्राप्त किया। इस जहाज का मुख्य कार्य है समुद्री मत्स्य सम्पदा का अन्वेषण करना। इसमें मत्स्य सम्पदा के स्रोतों, इनके विस्तार आदि के बारे में सूचनाएं एकत्र करने के लिए साधन मौजूद हैं। इस समय भारत का समुद्री मत्स्य उत्पादन प्रतिवर्ष लगभग 20 लाख टन है, मगर इसे सहज ही दुगुना किया जा सकता है। प्लवक मछलियों तथा अन्य समुद्री जीवों का भोजन बनते हैं। प्राणि-प्लवकों और पादप प्लवकों का अध्ययन करने के लिए सागर-सम्पदा जहाज ने भारत के अनन्य आर्थिक क्षेत्र की और बाहर की 150 से भी अधिक यात्राएं की हैं। क्रिल सम्पदा का अन्वेषण करने के लिए सागर-सम्पदा ने अंटार्कटिका के सागर की भी यात्रा की है।

समुद्र विज्ञान विभिन्न विज्ञानों का सम्मिश्रण है, इसलिए गोवा के समुद्र विज्ञान संस्थान में सात प्रमुख विभागों की स्थापना की गई है—भौतिक समुद्र विज्ञान, रासायनिक समुद्र विज्ञान, भूगर्भीय एवं भूभौतिक समुद्र विज्ञान, जीवन विज्ञान, समुद्री उपकरण, समुद्र इंजीनियरी और योजना एवं आंकड़ा-संग्रह। यहां के सूचना केंद्र को हिंद महासागर संबंधी जानकारी की एक राष्ट्रीय सुविधा के रूप में स्वीकार किया गया है।

सागरीय अनुसंधान में बहुत से उपकरण विदेशों से आयात करने पड़ते हैं। एन.आई.ओ. ने कई उपकरणों का विकास किया है। जैसे, ज्वार-भाटा और लहर मापक, लवण मापक, गहराई मापक, धारा मापक आदि। संस्थान ने अंटार्कटिका में एक स्वचालित मौसम स्टेशन भी स्थापित किया है। सामुद्रिक अध्ययन के लिए संस्थान में एक सुदूर संवेदन केंद्र भी स्थापित किया गया है।

संस्थान ने समुद्र की जैव सम्पदा के विकास और उपयोग पर विशेष ध्यान दिया है। मत्स्य सम्पदा के बारे में व्यापक अध्ययन तो हो ही रहा है, सीपियों की खेती के भी नए तरीके खोजे गए हैं। संस्थान में समुद्री शैवालों के बारे में भी खोजबीन जारी है। समुद्री शैवालों का उपयोग ज्यादातर एगार, एल्जीनेट और करागीनन के उत्पादन में होता है। शैवाल में औषधि और पौष्टिक तत्व भी मौजूद रहते हैं। संस्थान में शैवाल के ऊतक संवर्धन पर कार्य हो रहा है।

भारत के तटीय क्षेत्र में मैंग्रोव (कच्छ वनस्पति) का बड़ा महत्व है। ये वृक्ष कटाव रोकने, मत्स्यपालन को बढ़ावा देने, चक्रवात की गति को धीमा करने और पर्यावरण का संतुलन बनाए रखने में योग देते हैं। मैंग्रोव से बना एक विशेष खाद्य विविध जीव-जीवाणुओं के लिए, विशेषतः मछलियों के लिए, लाभदायक है, इसलिए मात्स्यिकी और मैंग्रोव का सीधा संबंध है। भारतीय तट पर मैंग्रोव की वन-सम्पदा लगभग 7,00,000 हेक्टेयर में फैली हुई है। इन वृक्षों की करीब 65 जातियां भारत में उपलब्ध हैं। हमारे यहां मुख्यतः जलाऊ लकड़ी के लिए मैंग्रोव के वनों को काटा जाता है। इन पेड़ों का उपयोग कोयला बनाने, कागज उद्योग, चमड़ा कमाने में और अन्य कई कामों में होता है। इनकी मनमानी कटाई के कारण कई तटवर्ती क्षेत्रों में दलदलीय भूमि बंजर बन गई है। गोवा के संस्थान में मैंग्रोव के संरक्षण और संवर्धन के बारे में महत्वपूर्ण कार्य हो रहा है। भारत में मैंग्रोव वनों को जीवमंडल, शरणस्थल एवं संरक्षित क्षेत्र के रूप में स्वीकार किया है। परिणामस्वरूप गोवा राज्य के चोडण द्वीप के मैंग्रोव वन को पक्षी शरणस्थल घोषित किया गया है। यहां मेंग्रोव की 15 जातियां, पक्षियों की 100 जातियां और अन्य प्राणि-समूह पाए जाते हैं।

अब सागरीय जलराशि कई तरह के प्रदूषणों से प्रभावित हो रही है। तटक्षेत्र के

चित्र 9.13 : मैंग्रोव वन

कल-कारखाने समुद्र के जल का उपयोग करते हैं और बदले में अपना दूषित जल समुद्र में छोड़ देते हैं। समुद्रतट के नगरों का कूड़ा-कचरा और मल-जल भी समुद्र में छोड़ा जाता है। मगर समुद्री जल को सबसे ज्यादा खतरा तेल प्रदूषण से है। जब तेल-वाहक जहाज अकस्मात टूट जाते हैं तो तेल समुद्र के पानी पर फैल जाता है, पानी पर तेल की एक परत बन जाती है। उससे वातावरण का ऑक्सीजन जल में मिश्रित नहीं हो पाता और उस क्षेत्र की मछलियां दूर भाग जाती हैं। इसका मत्स्योत्पादन उद्योग पर गहरा असर होता है। पारे का प्रदूषण भी बहुत खतरनाक होता है। पारे से प्रभावित मछलियां जब मनुष्य का आहार बनती हैं, तो वे जानलेवा

चित्र 9.14 : तेल से प्रदूषित समुद्र तट

साबित होती हैं। ऐसी एक दुर्घटना जापान में हुई थी। थाने की खाड़ी की कालू नदी में पारे का प्रदूषण पाया गया है। एन.आई.ओ. के मुंबई स्थित केंद्र में समुद्री प्रदूषण पर विशेष खोजबीन हो रही है।

समुद्र के कई प्रकार के जीवों और वनस्पतियों का बहुत प्राचीन काल से औषधियों के लिए उपयोग होता आ रहा है। समुद्री साधनों से औषधियों के विकास के लिए भारत सरकार ने नवंबर 1990 में एक राष्ट्रीय योजना शुरू की है। इसमें एन.आई.ओ. सहित देश की 10 प्रयोगशालाएं अपना योगदान दे रही हैं। लखनऊ का **केंद्रीय औषध अनुसंधान संस्थान** इस योजना का संयोजन कर रहा है। पूर्वी व पश्चिमी समुद्रतट से ऐसे करीब 150 समुद्री जीव खोजे गए हैं जो कारगर औषधियां बन सकते हैं। इनके नमूने गोवा व लखनऊ के संस्थानों में संगृहीत किए गए हैं। खोजबीन जारी है।

बहुत प्राचीन काल से भारतीय नाविक और व्यापारी दूर-दूर की समुद्र यात्राएं करते रहे हैं। लोथल सिंधु सभ्यता का एक प्रसिद्ध बंदरगाह था। यहां खोजा गया नौका-घाट (146×25 मीटर) एक ज्वारीय नदी के जरिए अरब सागर से जुड़ा हुआ था। समुद्र का जल इस नौका-घाट तक पहुंचता था, यह बात एन.आई.ओ. के वैज्ञानिकों के प्रयासों से अब प्रमाणित हो गई है। इस नौका-घाट की तली में **फेरामिनीफेरा** (छिद्रधर) नामक समुद्री सूक्ष्मजीवों के जीवाश्म मिले हैं। सिंधु सभ्यता के लोग लोथल बंदरगाह से फारस की खाड़ी के बहरीन द्वीप, मेसोपोटामिया (इराक) और एलाम (ईरान) के साथ व्यापार करते थे।

प्राचीन काल में हमारे द्वारका, प्रभास (सोमनाथ), भडौच (भरूकच्छ), सोपारा, कल्याण, कावेरीपट्टिनम्, ताम्रलिप्ति आदि बंदरगाल (पत्तन-ग्राम) बहुत प्रसिद्ध रहे हैं। वैज्ञानिक अध्ययनों से पता चला है कि पिछले तीन-चार हजार वर्षों में समुद्र की सतह नौ-दस मीटर ऊंची हो गई है, इसलिए कई प्राचीन बंदरगाह समुद्र में डूब गए हैं। जैसे, **महाभारत** और **भागवत** पुराण में जानकारी मिलती है कि यादवों के विनाश के बाद अर्जुन जब यादव स्त्रियों व बच्चों को द्वारका से बाहर निकाल रहे थे, तब द्वारका को समुद्र ने जलप्लावित कर दिया था। इसी प्रकार तमिल के **शिलप्पदिकारम्** और **मणिमेकलै** काव्य-ग्रंथों में कावेरीपट्टिनम् के समुद्र में डूबने के बारे में जानकारी मिलती है।

समुद्र में डूबे बंदरगाहों और जहाजों की खोजबीन करने से भारत के प्राचीन इतिहास के बारे में काफी नई जानकारी मिल सकती है। मगर यह खोजबीन समुद्री पुरातत्व के साधनों से ही हो सकती है। इसी उद्देश्य से प्रसिद्ध पुराविद डॉ. एस. आर. राव के प्रयासों से गोवा के समुद्र विज्ञान संस्थान की छत्रछाया में 1981 ई.

**चित्र 9.15 :** द्वारकाधीश मंदिर के सामने नौवीं शताब्दी का एक विष्णु मंदिर मिला। यह खोज राष्ट्रीय समुद्र विज्ञान संस्थान ने की।

में **समुद्री पुरातत्व केंद्र** की स्थापना हुई। डॉ. राव के नेतृत्व में द्वारका, बेट-द्वारका और कावेरीपट्टिनम् के समीप के समुद्र में गोताखोरों की मदद से और अन्य साधनों से छानबीन की गई तो समुद्र में डूबे कई अवशेष प्राप्त हुए। गोवा और कावेरीपट्टिनम् के पास के समुद्र में डूबे जहाजों के कुछ अवशेष मिले। आगे जाकर समुद्र में डूबे कई जहाज खोजे जाएंगे। कई बंदरगाह खोजे जाएंगे। समुद्री पुरातत्व की इस खोजबीन से भारतीय इतिहास पर नया प्रकाश प्रड़ेगा।

एन.आई.ओ. के वैज्ञानिक समुद्र जल-स्तर के उतार-चढ़ाव के अध्ययन में भी जुटे हुए हैं। जानना जरूरी है कि वर्तमान काल में समुद्र का जल-स्तर किस रफ्तार से ऊंचा हो रहा है और आगे जाकर किस तरह की स्थिति बनेगी। अध्ययनों से पता चला है कि समुद्र के जल-स्तर में प्रति शताब्दी 10-15 सेंटीमीटर वृद्धि हो रही है। वैज्ञानिकों ने अनुमान लगाया है कि 2050 ई. तक समुद्र स्तर में 23 से 116 सेंटीमीटर तक वृद्धि होगी। सन् 2100 तक यह स्तर 56 से 345 सेंटीमीटर तक बढ़ सकता है। स्पष्ट है कि इस भावी स्थिति का सामना करने के लिए अभी से तैयारी करनी होगी।

शुरू में मैंने गोवा के राष्ट्रीय समुद्र विज्ञान संस्थान से प्राप्त बहुधात्विक पिंडों के तोहफे की चर्चा की है। वहीं से मुझे एक और समुद्री वस्तु का तोहफा मिला। यह है एक मृत राज केकड़ा (हॉर्स-शू क्रेब)। मैंने इसे अपने अध्ययन-कक्ष में सजाकर रखा है। यह तोहफा मुझे स्मरण कराता रहता है कि यह इस धरती का एक

प्राचीनतम प्राणी है, और पिछले करीब 35 करोड़ साल से इसके आकार-प्रकार में कोई रद्दबदल नहीं हुआ है। अन्य शब्दों में, यह एक 'जीवित जीवाश्म' है।

राज केकड़ा वस्तुतः केकड़ा नहीं है, यह बिच्छुओं और मकड़ियों का समुद्री रिश्तेदार है। करीब 67 करोड़ साल पहले, केम्ब्रियन कल्प में, समुद्र में जो प्रारंभिक संधिपाद प्राणी पैदा हुए थे उन्हीं से आगे के करीब 20-23 करोड़ साल में राज केकड़े विकसित हुए। तब से धरती पर कई किस्म के नए प्राणी, डाइनोसोर भी, विकसित हुए और मिट गए। मगर राज केकड़ों ने अपना स्वरूप कायम रखा। ये प्राकृतिक परिवर्तनों को बड़ी कुशलता से झेलते रहे हैं। मगर अब इनके लिए कई तरह के खतरे पैदा हो गए हैं।

**चित्र 9.16 :** राज केकड़ा

राज केकड़े संसार के कुछ ही देशों में पाए जाते हैं। भारत में ये सिर्फ उड़ीसा और बंगाल के तटों पर मिलते हैं। पुराने जमाने में राज केकड़े की पूंछ का तीर की नोंक के लिए इस्तेमाल होता था। मगर अब बीसवीं सदी में इस जीवित जीवाश्म के कई महत्वपूर्ण उपयोग खोजे गए हैं। इनके नीले रक्त में **लिमुलस अमीबोसाइट लाइसेट** नामक एक ऐसा रासायनिक पदार्थ मौजूद है जो औषधियों तथा खाद्य वस्तुओं में जानलेवा सूक्ष्म जीवाणुओं को खोज निकालने में तो कारगर सिद्ध हुआ ही है, इससे कई रोगों का निदान भी संभव हुआ है। राज केकड़े के रक्त के लाइसेट से सूजाक जैसे छूत वाले रोगों को सहजता से पहचाना जा सकता है। यह **लाइसेट** जैव-रसायन के क्षेत्र के अनुसंधानों में बड़ा उपयोगी सिद्ध हुआ है। इस उपयोगिता के कारण ही राज केकड़े के लिए कई तरह के खतरे पैदा हो गए हैं। राज केकड़े का रक्त, जो इनके पैरों से निकाला जाता है, बड़ा मूल्यवान है। प्रजनन के लिए जब ये केकड़े उड़ीसा व बंगाल के तटों पर पहुंचते हैं, तो स्थानीय लोग व बच्चे इन्हें बड़ी तादाद में पकड़ते हैं और पांच-पांच रुपयों में बेच डालते हैं। मछलियों के साथ ये भी मछुआरों के जाल में फंस जाते हैं और इन्हें अनुपयोगी पाकर यों ही जमीन पर मरने के लिए छोड़ दिया जाता है।

राज केकड़े की एक और विशेषता है– इसकी संयुक्त आंखें। समुद्र में दूर-दूर तक देखने के लिए प्रकृति ने विकासक्रम के अंतर्गत राज केकड़े को विशिष्ट प्रकार की आंखें प्रदान की हैं। अपनी इन आंखों से वे मटमैले पानी में और कम से कम रोशनी में भी दूर तक देखने में समर्थ हैं। उनकी इन विशिष्ट आंखों की संरचना का अध्ययन करके बेहतर किस्म के राडार, दूरदर्शी, टेलीविजन ट्यूब, वीडियो प्रणाली आदि का निर्माण करना संभव हुआ है। राज केकड़े की आंखों के बारे में किए गए अनुसंधान के लिए एक अमेरिकी वैज्ञानिक को 1987 ई. में नोबेल पुरस्कार दिया गया।

**चित्र 9.17 :** स्थानीय लोग व बच्चे राज केकड़ों को बेचते हुए

पिछले करीब पैंतीस करोड़ साल की बदलती प्राकृतिक परिस्थितियां भी राज केकड़े को बदल नहीं सकीं, नष्ट नहीं कर सकीं। मगर धरती पर कुछ ही लाख साल पहले अवतरित हुआ मानव अब इस 'जीवित जीवाश्म' का जानी दुश्मन बन गया है। दंतकथा है कि राम ने राज केकड़े की पूंछ को लेखनी बनाकर लंकावासी सीता को पत्र लिखा था, इसलिए उड़ीसा-बंगाल के तटवासी लोग राज केकड़े को 'राम-लेखनिया' कहते हैं, फिर भी इस अद्‌भुत प्राणी की सुरक्षा की उन्हें कोई चिंता नहीं है। संतोष की बात है कि गोवा के समुद्र विज्ञान संस्थान के वैज्ञानिक राज केकड़े के बारे में अनुसंधान कर रहे हैं और इसकी सुरक्षा के भी समुचित उपाय खोज रहे हैं।

धरातल का 71 प्रतिशत भाग समुद्रों से घिरा हुआ है। मानव समाज के लिए आवश्यक धरातल की बहुत-सी चीजें अब समाप्त होती जा रहीं हैं। इसलिए समुद्री सम्पदा की ओर मुड़ना, इसका गहन अध्ययन करना, इसके उपयोग के साधन खोजना आवश्यक हो गया है। गोवा का राष्ट्रीय समुद्र विज्ञान संस्थान इसी तरह के वास्तविक समुद्र-मंथन में यानी समुद्री सम्पदा के व्यापक अध्ययन में जुटा हुआ है।

अध्याय-10

# उड़ान संबंधी समस्याएं सुलझा रही हैं राष्ट्रीय वांतरिक्ष प्रयोगशालाएं-1

(बैंगलूर)

पहले वैमानिकी और फिर अंतरिक्ष के क्षेत्र में भारत ने जो प्रगति की है उसे संभव बनाया है, इस क्षेत्र में कार्य कर रहे वैज्ञानिकों के कठिन परिश्रम ने। हमारे देश की राष्ट्रीय वांतरिक्ष प्रयोगशालाएं किस प्रकार इस दिशा में अपना योगदान दे रही हैं।

रावण का वध और लंका पर विजय प्राप्त करने के बाद राम जल्दी-से-जल्दी अयोध्यापुरी को लौटना चाहते थे। वे अब पैदल यात्रा के कष्ट झेलने की स्थिति में नहीं थे। विभीषण ने व्यवस्था कर दी **पुष्पक विमान** सेवा में हाजिर कर दिया। अद्‌भुत था वह विमान। वह सूर्य के समान तेजस्वी था। वह इच्छानुसार चलने वाला था। मन के समान उसका वेग था। वह मोती और चांदी के सुसज्जित बड़े-बड़े कमरों से विभूषित था। वह सुमेरू शिखर के समान ऊंचा था।

**चित्र 10.1 :** मथुरा से प्राप्त एक कुषाणकालीन शिलापट्ट पर उत्कीर्ण 'हंसयान'

यह वर्णन वाल्मीकि की रामायण का है। उसमें यह भी बताया गया है कि यह पुष्पक विमान विश्वकर्मा ने ब्रह्मा के लिए बनाया था। ब्रह्मा ने इसे कुबेर को प्रदान किया। फिर रावण ने कुबेर से इसे छीन लिया। रावण के वध के बाद

यह विभीषण के अधिकार में चला गया। फिर राम ने सीता, लक्ष्मण आदि को साथ लेकर लंका से अयोध्या तक इसमें यात्रा की। अंत में राम ने यह पुष्पक विमान कुबेर को लौटा दिया।

**रामायण** के सुंदरकांड और युद्धकांड में दी गई पुष्पक विमान की जानकारी को ध्यानपूर्वक पढ़ें, तो सहज स्पष्ट हो जाता है कि यह एक कल्पित भव्य प्रासाद का वर्णन है। भारतीय स्थापत्य शास्त्र में प्रासाद और विमान का अन्योन्य संबंध रहा है। प्राचीन वास्तु-ग्रंथों में दोनों ही शब्द देवमंदिरों के अर्थ में प्रयुक्त हुए हैं। **विमान** शब्द की व्युत्पत्ति 'वि' उपसर्ग तथा 'मा' धातु से निष्पन्न **मान** (रचना) पर आश्रित है। अतः 'विमान' उस भवन का नाम था जिसे विशिष्ट प्रक्रिया से स्थापित किया गया हो। इस तरह, विमानों यानी देवमंदिरों के आकाशगामी होने की कल्पना करना एक स्वाभाविक बात थी।

ईसा की ग्यारहवीं सदी में रचित वास्तुशास्त्र के **समरांगणसूत्रधार** ग्रंथ में विमान यंत्र की थोड़ी चर्चा है। दो प्रकार के विमान यंत्र वर्णित हैं—पक्षियों की तरह आकाशचारि और देवमंदिरों के तुल्य। इनमें पारा और अग्नि का उपयोग बताया गया है।

अभी कुछ दशक पहले किसी महर्षि भारद्वाज के नाम से यंत्रशास्त्र पर संस्कृत में रचित एक पोथी मिली है। इसमें विमानकला पर एक प्रकरण है। इसमें विमानों के विभिन्न प्रकारों और उनकी विविध गतियों की चर्चा है। लड़ाकू विमानों और चंद्र, मंगल तथा बुध तक पहुंचने वाले विमानों की भी इसमें चर्चा है। स्पष्ट है कि इस पुस्तक के विवरण को विज्ञान गल्प की श्रेणी में ही स्थान दिया जा सकता है। इसके आधार पर आकाश में उड़ने वाला कोई विमान तैयार करना कतई संभव नहीं है। पारा और अग्नि के उपयोग पर विचार करें, तो अधिक-से-अधिक यही कहा जा सकता है कि ईसा की दसवीं सदी तक भारतीयों को 'हवा से हलकी उड़ान' का सिद्धांत ज्ञात हो गया था।

आदमी के आकाश में उड़ने के सपने आधुनिक काल में ही साकार हुए हैं। गुब्बारों द्वारा आसमान में उड़ने के आरंभिक प्रयास यूरोप में 18वीं सदी में आरंभ हुए। यदि हवा को गर्म किया जाए तो वह फैलती है, विरल होती है और आसपास की हवा से हलकी होकर ऊपर उठने लगती है। गुब्बारे में हाइड्रोजन गैस भरने पर भी वह ऊपर उड़ता है। गुब्बारों में गर्म हवा या हाइड्रोजन भरकर उड़ने को ही 'हवा से हलकी उड़ान' का नाम दिया गया था।

गुब्बारे में गर्म हवा भरकर ऊपर उठने का पहला प्रयास पोर्तुगीज जेसुइट गुस्माओं ने अगस्त 1709 में किया था। प्रोफेसर शार्ल ने गुब्बारे में हाइड्रोजन गैस

भरकर अगस्त 1783 में उसे पेरिस के आकाश में उड़ाने में सफलता प्राप्त की। उसी साल नवंबर में फ्रांस के मांटगोल्फिए बंधुओं ने गर्म हवा भरे हुए गुब्बारे में आकाश की यात्रा करने में सफलता प्राप्त की। फिर दिसंबर 1783 में प्रो. शार्ल ने भी हाइड्रोजन से भरे गुब्बारे में आकाश की यात्रा की। सन् 1785 में पियर ब्लांचार और जेफरीब ने गुब्बारों से इंगलिश चैनल को पार किया। भारत में गुब्बारे द्वारा आकाश में उड़ान भरने का पहला प्रयास कलकत्ता के **बाबू रामचंद्र चटर्जी** ने 27 अप्रैल 1889 में किया था।

'हवा से भारी उड़ान' के सिद्धांत के अनुरूप आकाश में उड़ने वाले यान के निर्माण के वैज्ञानिक प्रयास 19वीं सदी के अंत में शुरू हुए। मनुष्य बहुत प्राचीन काल से पक्षियों को आकश में उड़ते देखता आ रहा है। उसने पक्षियों का अनुकरण करने की कोशिश की, किंतु असफल रहा। इसलिए पक्षियों की मदद से आकाश-यात्रा (हंसयान) करने की कई सारी कथाएं गढ़ी गईं। वस्तुतः पतंगों की उड़ानों से 'हवा से भारी उड़ान' का सिद्धांत काफी स्पष्ट हो जाता है। चीन, कोरिया, भारत आदि पूर्व के देशों में सदियों से पतंगें उड़ाई जा रही हैं, मगर इनकी उड़ान के सिद्धांत पर किसी ने ध्यान नहीं दिया।

लंदनवासी जॉर्ज केली पहला वैज्ञानिक है जिसने वायुगतिकी का अध्ययन किया और 1804 ई. में पहला **ग्लाइडर** बनाकर उसे आकाश में उड़ाने में सफलता प्राप्त की। उसके बाद यूरोप में ग्लाइडरों के बारे में बहुत सारे प्रयोग हुए। पेट्रोल इंजन से चलने वाले विमान को उड़ाने में पहली बार सफलता मिली अमेरिका के **राइट-बंधुओं** को। वे 17 दिसंबर, 1903 को 12 अश्वशक्ति के पेट्रोल इंजन व लकड़ी से बने अपने विमान को तीन मीटर की ऊंचाई और 40 मीटर की दूरी तक उड़ाने में सफल हुए। वायुयानों का युग शुरू हो गया। प्रथम महायुद्ध में विमानों का उपयोग बम गिराने के लिए किया गया। फिर सवारियां ले जाने के लिए इनका इस्तेमाल होने लगा। दूसरे महायुद्ध के दौरान जेट लड़ाकू विमान बने। महायुद्ध के बाद यात्री विमानों का तेजी से विकास हुआ।

मैंने पहली विमान-यात्रा, डकोटा विमान में, 1951 ई. में की थी–कलकत्ता से नागपुर तक। उसके बाद विमान-यात्रा के कई अवसर मिले। मगर बहुतों की तरह मुझे भी इस बात की बहुत कम जानकारी रही है कि विमान किस तरह बनते हैं, इनके डिजाइन किस तरह तैयार किए जाते हैं, ये किन मिश्र धातुओं से बनते हैं, इनके विभिन्न अंगों का किस तरह परीक्षण होता है। इन बातों की प्रत्यक्ष जानकारी प्राप्त करने के प्रयोजन से कई वर्ष पहले मैंने बेंगलूर की **राष्ट्रीय वांतरिक्ष प्रयोगशालाओं** (नेशनल एयरोस्पेस लेबोरेटरीज–एन.ए.एल.) की यात्रा की। विमानों

**चित्र 10.2 :** राष्ट्रीय वांतरिक्ष प्रयोगशालाओं का मुख्य भवन

के अंग-प्रत्यंगों के विकास व निर्माण के और इनकी जांच-पड़ताल के जो उन्नत साधन यहां जुटाए गए हैं उन्हें देखकर मैं आश्चर्यचकित रह गया। मैं समझता हूं, हमारे देश में विकसित वैमानिकी से संबंधित इन साधनों की बहुत कम लोगों को जानकारी होगी।

सबसे पहले संस्थान के संक्षिप्त **एन.ए.एल.** नाम को स्पष्ट करना जरूरी है। विज्ञान और प्रोद्योगिकी अनुसंधान परिषद (सी.एस.आई.आर.) के अंतर्गत जून 1959 में बेंगलूर में जब इस संस्थान की स्थापना की गई थी तब इसे नाम दिया गया था–**नेशनल एयरोनॉटिकल लेबोरेटरी** (राष्ट्रीय वैमानिकी प्रयोगशाला), संक्षेप में **एन.ए.एल.**। धीरे-धीरे संस्थान की गतिविधियां बढ़ती गईं। नए विभाग अस्तित्व में आए। नई प्रयोगशालाएं और सुविधाएं स्थापित हुईं। दो परिसरों (केम्पस) में संस्थान का विस्तार हुआ। मुख्य परिसर कोडीहल्ली क्षेत्र में है। वहां से करीब पांच किलोमीटर की दूरी पर, बेंगलूर के विमानतल के पास, बेलूर ग्राम में दूसरा परिसर है।

सन् 1959 में जब एन.ए.एल. की स्थापना हुई थी, तब अंतरिक्षयानों की कोई विशेष चर्चा नहीं थी, विशेषकर हमारे देश में। मगर लगभग 1975 ई. से देश में उपग्रहों व राकेटों के विकास का कार्य आरंभ हुआ, तो इनके परीक्षणों के लिए एन.ए.एल. में कई नए साधन जुटाए गए। अब इस संस्थान की गतिविधियां केवल वैमानिकी के क्षेत्र तक सीमित नहीं रहीं; यहां राकेटों व उपग्रहों के विकास से संबंधित कार्य भी होने लगा। इसलिए संस्थान को नया अनुकूल नाम देने की आवश्यकता महसूस हुई। मार्च 1993 में इसे नया नाम मिला–**नेशनल एयरोस्पेस**

**लेबोरेटरीज** (राष्ट्रीय वांतरिक्ष प्रयोगशालाएं)। इस नाम को भी आद्याक्षर **एन.ए.एल.** से ही व्यक्त किया जा सकता है। **वांतरिक्ष** शब्द 'वा' और 'अंतरिक्ष' की संधि से बना है। संस्कृत के 'वा' शब्द का अर्थ है **बात** यानी वायु।

एन.ए.एल. की स्थापना के समय इसे मिला कार्यादेश था–"उड़ान से संबंधित सभी समस्याओं का समाधान खोजना"। बहुत व्यापक और कठिन जिम्मेदारी थी। एन.ए.एल. के वैज्ञानिकों ने निर्णय लिया–उड़ानों की उलझनों का सबसे उत्तम उपाय है, स्वयं ही एक नए किस्म का प्रायोगिक विमान तैयार करना। इस योजना के अनुसार एक विदेशी विमान (रूटन) के डिजाइन को अपनाकर 1987 ई. में एक हलका परीक्षण विमान तैयार कर लिया गया। इस पूरे विमान का निर्माण सम्मिश्र (कंपोजिट) पदार्थों से किया गया था। सम्मिश्र पदार्थ धातुओं से हलके होते हैं, मगर मजबूती में उनकी बराबरी कर सकते हैं। आधुनिक वायुयानों और अंतरिक्षयानों के निर्माण में सम्मिश्र पदार्थों का बड़ा महत्व है। एन.ए.एल. के वैज्ञानिकों ने सम्मिश्र पदार्थ तैयार करने में कुशलता हासिल की है और इनके निर्माण के लिए उन्नत साधन विकसित किए हैं। इनकी अधिक चर्चा हम आगे करेंगे।

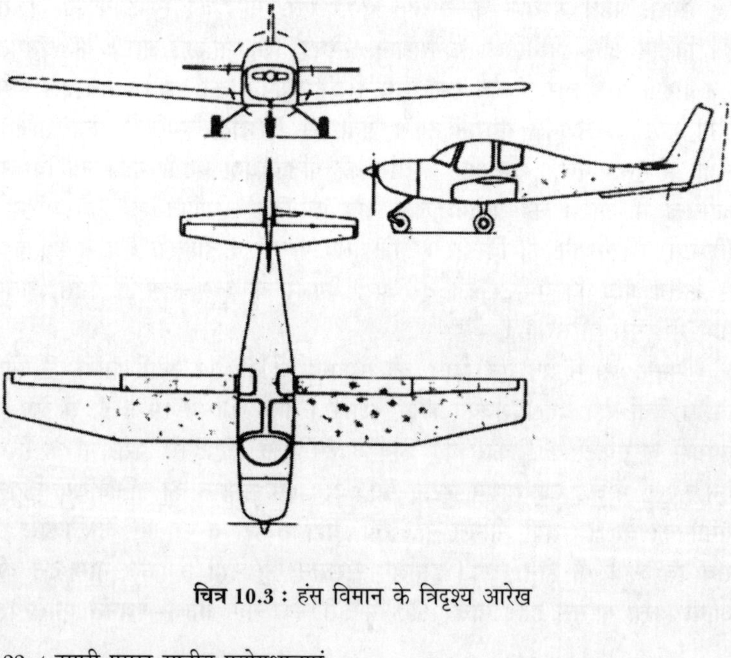

**चित्र 10.3 :** हंस विमान के त्रिदृश्य आरेख

एन.ए.एल. के वैज्ञानिकों ने एक कदम और आगे बढ़ने का निर्णय किया, दो सीटों वाले एक विमान का डिजाइन तैयार करके सम्मिश्र पदार्थों से उसका निर्माण करने का निश्चिय किया। इस स्वदेशी विमान को हंस नाम दिया गया। इसके निर्माण में एन.ए.एल. के सभी विभागों का सहयोग रहा। इसके निर्माण में तनेजा एयरोस्पेस एंड एविएशन लि. (होसूर) सहभागी बनी। **हंस-2** ने 23 नवंबर, 1993 को आकाश में सफलतापूर्वक उड़ान भरी।

पूर्णतः सम्मिश्र पदार्थों से निर्मित दो सीटों वाला यह **हंस** विमान प्रशिक्षण व स्पोर्ट के लिए उपयुक्त है। फोटोग्राफी और पर्यावरण निगरानी के लिए भी इसका इस्तेमाल हो सकता है।

**चित्र 10.4 :** आकाशगामी हंस-2 आर ई विमान

ईंधन सहित 750 किलोग्राम भार वाले इस **हंस** विमान की महत्तम गति 220 किलोमीटर प्रति घंटा है। **हंस-2** में 100 अश्वशक्ति के स्थान पर 125 अश्वशक्ति का इंजन लगाया गया, तो काफी बेहतर परिणाम मिले। इस नए इंजन वाले हंस (हंस-2 आर ई.) ने 23 जनवरी, 1996 को आकाश में सफलतापूर्वक उड़ान भरी। इसी इंजन का उपयोग करके अब **हंस-3** का निर्माण हो रहा है। 1996 के अंत तक **हंस-3** का उड़ान-परीक्षण होने की आशा है। उसके बाद हंस विमानों के निर्माण की दिशा में कार्य आरंभ हो जाएगा। इस समय देश के फ्लाइंग क्लबों में विदेशों से खरीदे गए करीब 300 विमान हैं। इनका सक्रिय जीवनकाल अब समाप्त होता जा रहा है। स्वदेशी हंस विमान बड़े मजे में इन बेकार होते जा रहे विदेशी विमानों

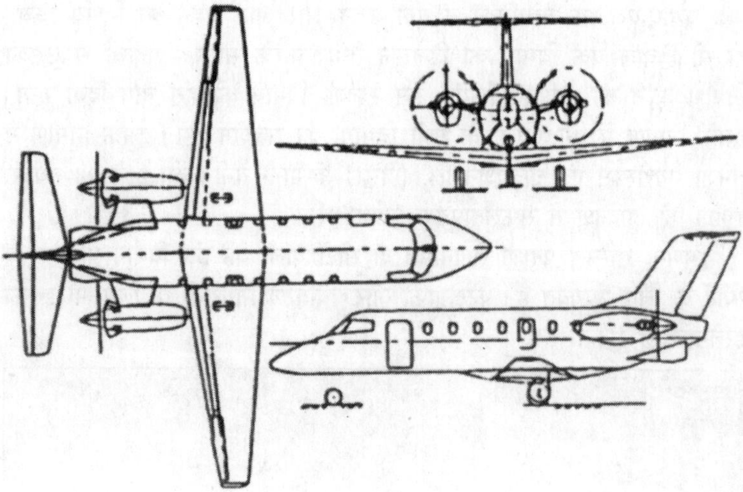

**चित्र 10.5 :** सारस विमान के त्रिदृश्य आरेख

का स्थान ले सकते हैं। जरूरत है तो बस स्वदेशी के प्रति श्रद्धा व विश्वास की।

एन.ए.एल. में एक बहुप्रयोजनीय हलका परिवहन विमान भी विकसित किया जा रहा है। इसे **सारस** नाम दिया गया है। रूस का **म्यासिश्चेव डिजाइन ब्यूरो** इसके विकास में सहयोग दे रहा है। 14 यात्री सीटों वाले इस विमान की लंबाई 15.02 मीटर, चौड़ाई 14.70 मीटर और ऊचाई 5.26 है। ईंधन सहित इसका महत्तम भार 6100 किलोग्राम और महत्तम गति 630 किलोमीटर प्रति घंटा रहेगी।

**चित्र 10.6 :** 14 यात्री सीटों वाला स्वदेशी सारस विमान

इसमें दो टर्बो-प्रॉप जेट इंजनों का उपयोग होगा और इसकी एक उड़ान की पहुंच 2800 किलोमीटर तक होगी।

**सारस** का उपयोग कई तरह के कामों के लिए हो सकेगा। मुख्यतः इसका उपयोग यात्री विमान के रूप में होगा। इसे शासनाधिकारियों के उपयोग के अनुकूल भी बनाया जा सकता है। इसका एंबुलेंस विमान के रूप में भी इस्तेमाल हो सकता है। इसके अलावा, डाक व हलके बंडलों और फलों जैसी जल्दी सड़ने वाली चीजों को ढोने के लिए भी इसका उपयोग हो सकता है। सुदूर संवेदन, भूभौतिकीय सर्वेक्षण और तटक्षेत्र तथा सीमाक्षेत्र पर निगरानी रखने के लिए भी **सारस** का उपयोग हो सकता है।

मगर **सारस** योजना को पूर्णता पर पहुंचाने के लिए आवश्यक धन व सहयोग प्राप्त करने में कठिनाई हो रही है। हिंदुस्तान एयरोनाटिक्स लि. (हाल) ने **सारस** के विकास में दिलचस्पी दिखाई है। हमारे शासनाधिकारी किसी विदेशी विमान का उपयोग करने के बजाए स्वदेशी विमान में यात्रा करने में गौरव का अनुभव करेंगे, तो **सारस** को बहुत जल्दी तैयार किया जा सकता है। एन.ए.एल. को यकीन है कि धन उपलब्ध होने पर 33 महीनों के भीतर आकाश में उड़ान भरने वाले प्रथम **सारस** विमान को तैयार किया जा सकता है। तब सन् 2001 में भारत का यह छोटा यात्री विमान आकाश में नियमित उड़ानें भरता हुआ दिखाई देगा।

राइट बंधुओं द्वारा 1903 ई. में पहली बार उड़ाया गया विमान हलकी लकड़ी से बनाया गया था और उस पर केनवास चढ़ाया गया था। बाद में बड़े विमानों के निर्माण में सम्मिश्र पदार्थों का इस्तेमाल होने लगा। ये सम्मिश्र पदार्थ, जिन्हें **कंपोजिट** कहते हैं, धातुओं से हलके होते हैं, मगर उनसे कहीं ज्यादा मजबूत होते हैं। उदाहरण के लिए, आधुनिक विमानों के अंगों व कल-पुर्जों के निर्माण में बोरॉन द्वारा मजबूत बनाए गए (प्रबलित) एलुमीनियम का उपयोग होता है। बोरॉन-एलुमीनियम से बने कंपोजिट पदार्थों में स्टील-जैसी शक्ति व मजबूती होती है, मगर इनका वजन एलुमीनियम से भी कम होता है। विमान का वजन हलका होने से ईंधन की, और उसके साथ पैसों की, काफी बचत होती है। स्पष्ट है कि आकाश में उड़ने वाले यानों के निर्माण के लिए कंपोजिट ही सर्वथा उपयुक्त पदार्थ हैं।

सम्मिश्र या कंपोजिट पदार्थ दो या दो से अधिक पदार्थों को अतिसूक्ष्म स्तर पर मिलाकर तैयार किए जाते हैं। इनमें एक वर्ग के पदार्थ **आधात्री** (मैट्रिक्स) कहलाते हैं क्योंकि ये कंपोजिट पदार्थों के आधार होते हैं। दूसरे वर्ग के पदार्थ **प्रबलक** (रीइन्फोर्समेंट) कहलाते हैं, क्योंकि ये कंपोजिट को बल व दृढ़ता प्रदान

करते हैं। आधात्री को **बंधक** भी कहते हैं। किसी भी कंपोजिट की उत्कृष्टता तथा कार्य-क्षमता आधात्री-प्रबलक अंतरापृष्ठ पर आधारित रहती है। इसका नियंत्रण एक तीसरे पदार्थ द्वारा किया जाता है जिसे **संयोजक** कहते हैं।

आजकल कंपोजिट के निर्माण में प्रबलकों के रूप में कांच व कार्बन के रेशों यानी फाइबरों का अधिक इस्तेमाल होने लगा है। कार्बन फाइबर ग्लास फाइबर की अपेक्षा अधिक मजबूत होते हैं, अधिक ताप सह सकते हैं। इसलिए आधुनिक वायुयानों और अंतरिक्षयानों के निर्माण में प्रायः कार्बन फाइबर द्वारा प्रबलित कंपोजिट का ही इस्तेमाल होता है। एन.ए.एल. के वैज्ञानिकों ने कांच व कार्बन रेशों से प्रबलित कंपोजिट तैयार करने में महारत हासिल कर ली है। यहां कंपोजिट संरचनाएं तैयार करने के लिए एक स्वतंत्र प्रयोगशाला है।

कंपोजिट संरचनाएं तैयार करने की कई विधियां हैं। इन्हें हाथ की ढलाई से भी बनाया जाता है, मगर इस विधि से बनाए गए अवयवों में कई त्रुटियां रहने की संभावना रहती है। इन त्रुटियों को दूर करने के लिए **ऑटोक्लेव** विधि का उपयोग किया जाता है। ऑटोक्लेव एक विशेष प्रकार का संयंत्र होता है जिसका उपयोग फाइबर प्रबलित प्लास्टिक पदार्थों को पकाने के लिए किया जाता है। ऑटोक्लेव संयंत्र घरेलू प्रेशर कुकर के सिद्धांत पर काम करता है। इसमें प्रबलन ज्यादा अच्छा और जल्दी हो जाता है। मगर यह संयंत्र काफी महंगा होता है और इसके निर्माण की तकनीक भी काफी कठिन है। पिछले कई वर्षों से पश्चिम के

**चित्र 10.7 :** एन.ए.एल. में निर्मित कम्प्यूटर-नियंत्रित ऑटोक्लेव संयंत्र

उन्नत देशों का ऑटोक्लेव के निर्माण और निर्यात पर एकाधिकार रहा है। मगर एन.ए.एल. के वैज्ञानिकों ने स्वदेशी ऑटोक्लेव के निर्माण में सफलता प्राप्त कर ली है।

एन.ए.एल. के वैज्ञानिकों ने पहला स्वदेशी ऑटोक्लेव 1986 ई. में तैयार किया था। तब से इसे लगातार उपयोग में लाया जाता रहा है। यह ऑटोक्लेव 2.4 मीटर व्यास का और 6 मीटर लंबा है।

भारत में पिछले कुछ वर्षों से एक **हलके लड़ाकू विमान** (लाइट कॉम्बैट एयरक्राफ्ट) के विकास का कार्य जारी है। इसमें एन.ए.एल. काफी महत्व की भूमिका अदा कर रहा है। इस विमान के पंख, रडर (ऊर्ध्वाधर स्थायिक नियंत्रक) और फिर (पतवार) डिजाइन करके कार्बन फाइबर कंपोजिट से इनका निर्माण करने की जिम्मेदारी एन.ए.एल. को सौंपी गई थी। इसके लिए एक बड़े और बेहतर ऑटोक्लेव की आवश्यकता थी। एन.ए.एल. के वैज्ञानिकों ने 1990 ई. में यह काम

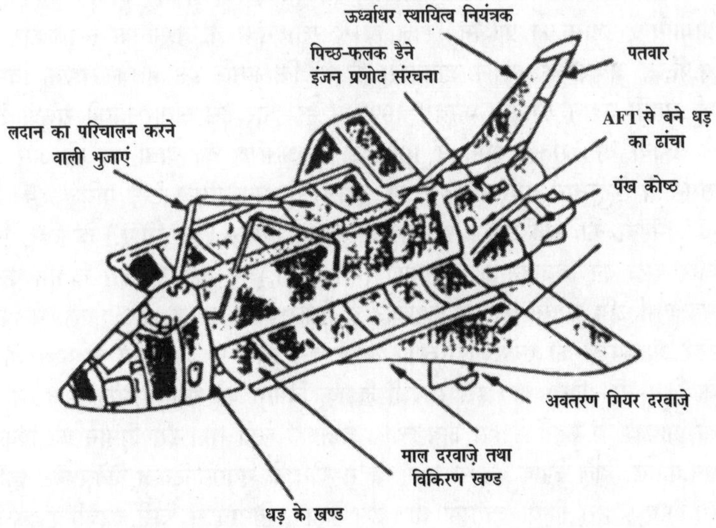


**चित्र 10.8 :** आधुनिक विमान के वे अंग जिनका निर्माण फाइबर कंपोजिटों से होता है

हाथ में लिया और जून 1994 तक कंप्यूटर-नियंत्रित 3 मीटर व्यास का और 7 मीटर लंबा नया ऑटोक्लेव तैयार कर लिया। इसके निर्माण में करीब 2 करोड़ रुपए खर्च हुए हैं। बाहर से मंगाने पर इस संयंत्र के लिए हमें 3.5 करोड़ रुपए खर्च करने पड़ते। इस ऑटोक्लेव में महत्तम दाब 7 बार और महत्तम तापमान 250 डिग्री

सेल्सियस तक हो सकता है।

एन.ए.एल. ने ऑटोक्लेव के निर्माण में अपनी निपुणता सिद्ध कर दी, तो हिन्दुस्तान एयरोनाटिकल्स लि. (हाल) ने इसे एक अधिक बड़ा ऑटोक्लेव बना देने का काम सौंपा। यह ऑटोक्लेव 4 मीटर व्यास का और 8 मीटर लंबा होगा। भारत हैवी इलेक्ट्रिकल्स लि. (भेल) की मदद से बनाए जा रहे इस ऑटोक्लेव में करीब 6 करोड़ रुपए खर्च होंगे। मगर बाहर से आयात करने पर इसके लिए हमें 10 करोड़ रुपए देने पड़ते। यह ध्यान में रखना जरूरी है कि कांच व कार्बन फाइबर के कंपोजिट बनाने के लिए ऑटोक्लेव जैसे साधनों का देश में होना अत्यावश्यक है। अब प्रक्षेपास्त्रों, अंतरिक्षयानों और वायुयानों के कई अंगों का निर्माण कांच व कार्बन प्रबलित कंपोजिटों से ही होता है।

एन.एन.एल. के वैज्ञानिकों की कार्य-कुशलता और उनके द्वारा निर्मित ऑटोक्लेव की क्षमता का एक महत्वपूर्ण प्रदर्शन देशवासियों को अगले वर्ष के आरंभ में देखने को मिलने वाला है। यह है, स्वदेशी हलके लड़ाकू विमान की पहली प्रायोगिक उड़ान का प्रदर्शन। हाल ही में रक्षा मंत्री के वैज्ञानिक सलाहकार **डा. ए.पी.जे. अब्दुल कलाम** ने जानकारी दी थी कि हमारे इस हलके लड़ाकू विमान की पहली उड़ान संभवतः फरवरी 1997 में हुई और इसे अंतरिक्षयात्री **राकेश शर्मा** ने उड़ाया था। राकेश शर्मा ने 1984 ई. में अंतरिक्ष की यात्रा की थी और इस समय वे हिंदुस्तान एयरोनाटिक्स लि. (हाल) के एक प्रमुख टेस्ट पायलट हैं।

महत्व की बात यह है इस हलके लड़ाकू विमान (एल.सी.ए.) के रडर, फिर और पंखों का डिजाइन और निर्माण (एन.ए.एल.) में हुआ है। इस विमान के ये महत्वपूर्ण अंग कार्बन फाइबर कंपोजिट से तैयार किए गए हैं। एन.ए.एल. ने फिन, रडर और पंखों का एक जोड़ा तैयार करके कई साल पहले विमान के साथ जोड़ने के लिए सौंप दिया था। इस स्वदेशी लड़ाकू विमान को मजबूत पंख मिल गए हैं, तो आकाश में उड़ने में इसे अब ज्यादा देर नहीं लगी थी। इस विमान का विकास एन.ए.एल. हाल आदि कई संस्थानों के सहयोग से **एयरोनाटिकल डिवेलपमेंट एजेंसी** (ए.डी.ए.) द्वारा किया जा रहा था। इस लड़ाकू विमान में जिस **कावेरी** इंजन का उपयोग हो रहा था उसके डिजाइन और विकास में भी एन.ए.एल. का महत्वपूर्ण योगदान था।

स्मरण रहे कि एन.ए.एल. की स्थापना के समय इसे जिम्मेदारी सौंपी गई थीं– "उड़ान से संबंधित सभी समस्याओं का समाधान खोजना"। विमानों के मामले में यह भी देखना जरूरी है कि वे कब तक ठीक-ठीक काम कर सकते हैं। विमान एक निश्चित कालावधि तक सुचारू रूप से काम करने के लिए बनाए जाते हैं जैसे,

परिवहन विमान की आयु 20 साल या लगभग 60,000-100,000 उड़ान–घंटे होती है। लड़ाकू विमान की आयु 15 से 20 साल या 3000-6000 उड़ान–घंटे हो सकती है। मगर इन दोनों ही वर्गों के विमानों का इससे अधिक समय तक इस्तेमाल होता रहता है। इसलिए इन विमानों की शक्ति, सहनशीलता, क्षति आदि की व्यापक जांच करना जरूरी हो जाता है। विमानों के वृद्धत्व की, इनमें पैदा होने वाली श्रांति या थकावट की, ठीक समय पर जांच न कर ली जाए, तो दुर्घटनाएं होना एक सहज स्वाभाविक बात है।

ताजा समाचार है कि पिछले छह महीनों में भारतीय वायुसेना के 13 विमान दुर्घटनाग्रस्त हो गए हैं। इनमें दो ब्रिटिश जागुआर विमान हैं और बाकी के रशियन **मिग** हैं। इनके दुर्घटनाग्रस्त होने के कई कारण हो सकते हैं, मगर एक कारण यह भी है कि भारतीय वायुसेना के ये विमान अब थक गए हैं, बूढ़े हो गए हैं। थकावट का मतलब है विमान के धात्विक अंगों में सूक्ष्म दरारें पैदा होना और उनका बढ़ते जाना। देखा गया है कि करीब 80 प्रतिशत विमान दुर्घटनाएं धातु-थकान के कारण होती हैं। इसलिए विमानों के मामले में थकान-जांच या श्रांति-मूल्यांकन का बहुत महत्व है। इस विशिष्ट जांच के बाद ही विमान के सेवाकाल को आगे बढ़ाया जा सकता है। यह जांच भविष्य के विमानों का डिजाइन करने में भी उपयोगी सिद्ध होती है।

एन.ए.एल. में करीब तीन दशक पहले श्रांति-परीक्षण से संबंधित शोधकार्य शुरू हुआ था और इसके लिए एक विशिष्ट मशीन भी बना ली गई थी। फिर यहां भारतीय वायुसेना के **नैट** लड़ाकू विमान के श्रांति-परीक्षण के लिए सुविधाएं जुटाईं गईं। इन परीक्षणों से नैट को अधिक जीवन देना और इसके रख-रखाव का एक व्यवस्थित कार्यक्रम बनाना संभव हुआ। इन परीक्षणों का **नैट** के उत्तराधिकारी **अजित** विमान का डिजाइन तैयार करने में उपयोग हुआ। बाद में **अजित** का भी श्रांति-परीक्षण करके इसे ज्यादा जीवन प्रदान करना संभव हुआ।

बाद में एन.एल. में कम्प्यूटर-नियंत्रित एक और उन्नत श्रांति-परीक्षण व्यवस्था अस्तित्व में आई। यहां रूस के **मिग** विमानों का इनके पूरे कवच के साथ श्रांति-परीक्षण होता है। श्रांति-परीक्षण के लिए इन लड़ाकू विमानों को रूस भेजना या रूसी विशेषज्ञों को भारत में बुलाना अब एक बहुत ही खर्चीला और दुष्कर कार्य है। मैं जब एन.ए.एल. में था, तब वहां एक रूसी **मिग-21** विमान का श्रांति-परीक्षण हो रहा था। हमारे देश में विमानों के श्रांति-परीक्षण के लिए समुन्नत साधन केवल एन.ए.एल. में ही उपलब्ध हैं। यह एक **राष्ट्रीय श्रांति-परीक्षण सुविधा** है। इस सुविधा के कारण विमानों का सेवाकाल बढ़ाना संभव हो रहा है, विमानों के बेहतर

चित्र **10.9 :** एन.ए.एल. मिग-21 का श्रांति-परीक्षण

रख-रखाव के बारे में जानकारी मिल रही है और विदेशी मुद्रा की भी काफी बचत हो रही है।

एन.ए.एल. के वैज्ञानिकों ने वैमानिकी के कुछ क्षेत्रों में इतनी अधिक निपुणता अर्जित कर ली है कि विदेशी एजेंसियां भी अब इनकी सेवाएं प्राप्त करने लगी हैं। इंग्लैंड के **नागरिक वैमानिकी प्राधिकरण** के लिए एन.ए.एल. के वैज्ञानिकों ने एक ऐसा विशिष्ट कम्प्यूटर प्रोग्राम तैयार करके दिया है जिससे जाना जा सकता है कि एक अतिव्यस्त विमानतल पर उतरने वाले या उस पर से उड़ने वाले दो विमानों के बीच में कितना अंतर रखना चाहिए।

कल्पना कीजिए एक दृश्य की : किसी अंतरराष्ट्रीय विमान तल पर जंबो जेट **बोइंग 747** धीमी गति से हवाई पटरी पर उतर रहा है। उस समय इसके दोनों ओर के पंखों के सिरे हवा के खतरनाक भंवरों का निर्माण करते हैं। बोईंग 747 पटरी पर उतरता है, परंतु अपने पीछे चक्रवात की तरह के भंवर पैदा करके छोड़ता है। तब उस बोइंग के तुरंत बाद एक छोटे विमान को उस हवाई पटरी पर उतरने दिया जाता है। वह छोटा विमान पटरी से करीब 60 मीटर ऊपर भंवरों में फंसकर नष्ट हो जाएगा। एक बड़े विमान के तुरंत बाद यदि कोई दूसरा बड़ा विमान भी उसी हवाई पटरी पर उतरता है, तो उसे भी भारी क्षति पहुंच सकती है। इसलिए इंग्लैंड के नागरिक वैमानिकी प्राधिकरण ने बड़े और छोटे विमानों के बीच चार

**चित्र 10.10 :** एक बड़े यात्री-विमान द्वारा हवाई पटरी के ऊपर निर्मित चक्रवात जैसे खतरनाक भंवर (कल्पना चित्र)

मिनट का और दो बड़े विमानों के बीच दो मिनट का अंतर निर्धारित किया था।

लंदन के **हीथरो** जैसे अतिव्यस्त विमानतल के लिए दो या चार मिनट का यह अंतर भी काफी ज्यादा है। हीथरो विमानतल पर प्रतिदिन 500 से भी अधिक विमान उतरते हैं। इनमें से अधिकांश विमान करीब छह घंटों के शिखर-काल में उतरते हैं। इसलिए जानना जरूरी हो जाता है कि उतरने वाले दो विमानों के बीच कम-से-कम कितने समय का अंतर रखा जाए। यदि विमान को हवाई पटरी पर उतरने के लिए एक मिनट भी अधिक इंतजार करना पड़े, तो इस्तेमाल होने वाले ईंधन के रूप में खर्च काफी बढ़ जाता है। इसलिए इंग्लैंड के नागरिक वैमानिकी प्राधिकरण को यदि यकीन के साथ कोई यह बताए कि दो विमानों के उतरते समय उनके बीच 4 मिनट का अंतर रखने की बजाए 3 या 3.5 मिनट का अंतर रखा जा सकता है, तो काफी फरक पड़ेगा।

यकीन के साथ विमान की यही जिम्मेदारी इंग्लैंड के नागरिक वैमानिकी प्राधिकरण ने एन.ए.एल. के वैज्ञानिकों को सौंपी थी। प्रथम अनुबंध के अनुसार एन.ए.एल. के वैज्ञानिकों को विमानों द्वारा बनने वाले भंवरों से संबंधित घटनाओं का अध्ययन करके एक कम्प्यूटर मॉडल की रूपरेखा प्रस्तुत करके देनी थी। यह कार्य 1992 ई. में पूरा कर दिया गया और इसके लिए एन.ए.एल. को 17,500 पौंड़ मिले। इसके बाद इंग्लैंड के नागरिक वैमानिकी प्राधिकरण से इस पूरी समस्या

के बारे में एक कम्प्यूटर प्रोग्राम (मॉडल) तैयार कर देने का ठेका मिला। यह प्रोजेक्ट जनवरी 1955 में पूरा हुआ और इसके लिए एन.ए.एल. को 75,000 पौंड मिले। इसके बाद हेलीकाप्टर के लिए भी इसी तरह का एक कम्प्यूटर प्रोग्राम तैयार कर देने के लिए एन.ए.एल. को 10,000 पौंड का ठेका मिला। इस तरह, एन.ए.एल. ने इंग्लैंड के नागरिक वैमानिकी प्राधिकरण से न केवल काफी धन अर्जित किया, अपितु उड़ान से संबंधित एक कठिन समस्या का हल खोजकर विदेश में यश भी प्राप्त किया।

अब एक कम्प्यूटर प्रोग्राम तैयार हो गया है, इसलिए आसानी से जाना जा सकता है कि विमानतल पर उतरने वाले दो विमानों के बीच कम-से-कम कितने समय का अंतर रखना चाहिए। इसके लिए पहले और बाद में उतरने वाले विमानों के बारे में कुछ आंकड़े कम्प्यूटर में भरने पड़ते हैं; उस समय के मौसम की स्थिति के बारे में भी कुछ सूचनाएं कम्प्यूटर में भरनी पड़ती हैं। फिर कम्प्यूटर फौरन आपको बता देगा कि उतरने वाले उन दो विमानों के बीच कितने समय का अंतर रखना होगा। कितना आसान हो गया सारा मामला।

विमानों के हवाई पटरी पर उतरते समय पैदा होने वाली भंवरों के कारण कई दुर्घटनाएं हुई हैं। संसार के पहले अंतरिक्षयात्री **यूरी गगारिन** का विमान ऐसे ही एक भंवर में फंसकर दुर्घटनाग्रस्त हुआ था और उसमें, आज से करीब 60 साल पहले, उनकी मृत्यु हुई थी। इस तरह 1988 ई. में ताशकंद विमानतल पर पाक–40 विमान भवंरों में फंसकर नष्ट हो गया था और उसमें यात्रा कर रहे सभी लोगों की मृत्यु हो गई थी, इस तरह की फ्रांस और अमेरिका में भी कई दुर्घटनाएं हुई हैं। अतिव्यस्त विमानतलों के मामले में यह खतरा हमेशा बना रहता है। आगे जाकर अधिकाधिक बड़े विमान बनेंगे और विमानतल अधिक व्यस्त होते जाएंगे, तब यह समस्या अधिक गंभीर बन सकती है।

एन.ए.एल. को उड़ान से संबंधित समस्याएं सुलझाने की जिम्मेदारी सौंपी गई थी। यहां के वैज्ञानिकों ने विमानों को भंवरों में फंसने न देने का उपाय खोजकर उड़ान की एक और समस्या को सुलझा लिया है। आगे हम देखेंगे कि एन.ए.एल. के वैज्ञानिकों ने उड़ान से संबंधित और भी कई समस्याओं के हल खोज निकाले हैं।

अध्याय-11

# उड़ान संबंधी समस्याएं सुलझा रही हैं राष्ट्रीय वांतरिक्ष प्रयोगशालाएं-2

(बेंगलूर)

घटना 1981 ई. की है। प्रधानमंत्री को यूरोप की यात्रा पर जाना था। उनके दल को ले जाने के लिए एयर इंडिया के **बोईग 707** विमान की व्यवस्था की गई थी। ऐसे अवसरों पर, सुरक्षा की दृष्टि से, विमान की कई बार अच्छी तरह जांच-पड़ताल की जाती है। यात्रारंभ के कुछ समय पहले बोईग 707 की पुनः एक बार गहराई से जांच-पड़ताल की गई, तो पता चला कि विमान की नियंत्रण-व्यवस्था से संबंधित महत्वपूर्ण केबिल कटे हुए हैं।

बहुत ही गंभीर मामला था। प्रधानमंत्री और उनके दल के लिए एक अन्य विमान की व्यवस्था की गई। मामले की जांच-पड़ताल का काम वैज्ञानिकों के एक खोजी दल को सौंपा गया। वैज्ञानिकों को सबसे पहले यह पता लगाना था कि केबिल किस तरह के औजार से काटे गए हैं। इसके लिए काटे गए केबिल की सतह का औजार पर मौजूद रेखाओं के साथ मिलान करके देखना जरूरी था।

खोजबीन शुरू हो गई। अंततः मालूम हो गया कि केबिल किस तरह के औजार से काटे गए है। तभी खोजी दल का एक वैज्ञानिक एकाएक कह उठा– "लगता है कि जिस आदमी ने केबिल काटे हैं वह बाएं हाथ से काम करता है।" इस सुराग के मिल जाने पर केबिल काटने वाले आदमी को पकड़ना काफी आसान काम हो गया। वह विमानों के रखरखाव विभाग में काम करने वाला एक असंतुष्ट मैकेनिक था।

और, जिन्होंने इस मामले को सुलझाया वे थे बेंगलूर स्थित **राष्ट्रीय वांतरिक्ष प्रयोगशाला** (एन.ए.एल.) के वैज्ञानिक, इस वैज्ञानिक दल ने पिछले करीब ढाई दशकों में विमानों, कारखानों और उद्योगधंधों सें संबंधित ऐसे 250 से भी अधिक मामलों की जांच-पड़ताल की है। सन् 1985 में एयर इंडिया का **कनिष्क** विमान आयरलैंड के समुद्रतट के पास गिरकर ध्वस्त हो गया, तो एन.ए.एल. के वैज्ञानिकों ने उसके टुकड़ों का धातु-परीक्षण करके निर्णय दिया कि विमान के आगे के सामान-कक्ष में

रासायनिक विस्फोट हुआ है, सन् 1990 में इंडियन एयर लाइंस का **एयरबस** ए 320 विमान बेंगलूर की हवाई पट्टी को पार करके दुर्घटनाग्रस्त हो गया, उसमें आग लग गई, तो एन.ए.एल. के लोगों ने ही सबसे पहले उस विमान के यात्रियों को अस्पताल में पहुंचाया। बात यह है कि एन.ए.एल. के बेलूर परिसर को जाने वाली बसें हवाई अड्डे के नजदीक से ही गुजरती हैं। हवाई अड्डे से बेलूर परिसर भी ज्यादा दूर नहीं है। बाद में एन.ए.एल. के वैज्ञानिकों ने उस दुर्घटनाग्रस्त विमान के संचालन-कक्ष के ध्वनि रिकार्डर में अंकित संकेतों का विश्लेषण किया और बताया कि विमान किन कारणों से क्षतिग्रस्त हुआ।

एन.ए.एल. के विशेषज्ञ न केवल विमान-दुर्घटनाओं की जांच-पड़ताल करते हैं, बल्कि कारखानों, बिजलीघरों आदि में होने वाली क्षतियों को भी ठीक करते हैं। कल्पक्कम (मद्रास) के परमाणु बिजलीघर को क्षति पहुंची थी, तो एन.ए.एल. के वैज्ञानिकों ने ही उसे ठीक किया था। यहां के वैज्ञानिकों को कभी-कभी सीमाशुल्क (कस्टम) विभाग की भी मदद करनी पड़ती है। एक बार विमान से उतरे एक यात्री के सामान में तीन इस्तिरियां देखी गईं। तीन क्यों? कस्टम अधिकारियों को शक हुआ। उन इस्तिरियों का बाहरी रूपरंग और आकार-प्रकार सामान्य इस्तिरी-जैसा ही था। मगर एन.ए.एल. के विशेषज्ञों ने उनका धातु-परीक्षण किया, तो पता चला कि वे 85 प्रतिशत सोना और 15 प्रतिशत एलुमीनियम के मिश्रण को ढालकर बनाई गई हैं और प्रत्येक इस्तिरी की कीमत लगभग 15 लाख रुपए है।

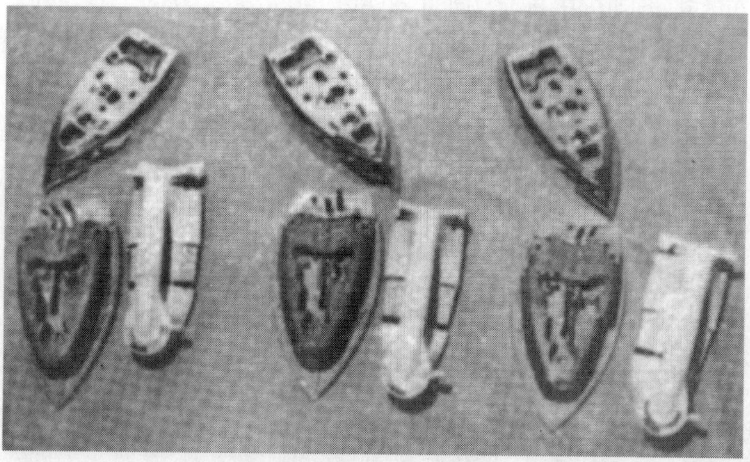

**चित्र 11.1 :** सोने की इस्तिरियां

**चित्र 11.2 :** ब्लैक बाक्स, जो वस्तुतः नारंगी रंग का होता है

जुलाई 1996 में जब मैं एन.ए.एल. (बेंगलूर) की यात्रा पर था, तो उन्हीं दिनों एक बहुत बड़ी विमान-दुर्घटना हुई। न्यूयार्क से पेरिस जा रहा **टी डब्ल्यू ए बोईंग 747** विमान, जिसमें 230 यात्री सवार थे, विस्फोटित होकर अटलांटिक महासागर में आकर गिरा। सभी यात्रियों की मृत्यु हो गई। मगर दुर्घटना का कारण जानना जरूरी था। यह जानकारी विमानों में रखे जाने वाले **ब्लैक बॉक्स** के अध्ययन से ही मिल सकती थी। इसलिए अटलांटिक की अतल गहराई में उस विमान के ब्लैक बॉक्सों की खोज शुरू हुई। अंत में उन्हें खोज निकालने में सफलता मिल गई।

जिस सीलबंद बक्से में विमान की उड़ान से संबंधित विविध प्राचलों (पैरामीटरों) का अंकीय अभिलेखन होता है उसे **डिजिटल फ्लाइट डाटा रिकार्डर** (डी एफ डी आर) कहते हैं। आमतौर पर इसे **ब्लैक बॉक्स** के नाम से ही जाना जाता है, मगर यह बॉक्स वस्तुतः नारंगी रंग का होता है। यात्री-विमानों में ब्लैक बॉक्स रखना अनिवार्य होता है और यह अदह्य होता है। इसमें विमान की ऊंचाई, दिशा, गति, वायुगति, त्वरण, इंजन-कार्य आदि से संबंधित करीब 250 किस्म की सूचनाएं संचित होती हैं। एन.ए.एल. के वैज्ञानिकों ने भारतीय यात्री-विमानों में रखे जाने वाले ब्लैक बॉक्सों में दर्ज अंकीय सूचनाओं को पढ़ने की एक नई प्रणाली विकसित की है।

ब्लैक बॉक्स में जिस तरह की सूचनाएं अंकित होती हैं उसी तरह की सूचनाएं प्राप्त करने के लिए एक और व्यवस्था विमान में रहती है। इसे **त्वरित प्राप्य अभिलेखी** (क्विक एक्सेस रिकार्डर) कहते हैं। ब्लैक बॉक्स का उपयोग बड़ी दुर्घटनाओं के मामले में होता है, तो 'त्वरित प्राप्य अभिलेखी' का छोटी-मोटी

खराबियों को जल्दी से जानने के लिए जैसे, यात्रा के दौरान विमान में जबरदस्त कंपन होता है, तो 'त्वरित प्राप्त अभिलेखी' के टेप का अन्वेषण करके उसका कारण जाना जा सकता है। एन.ए.एल. ने इस अभिलेखी के विश्लेषण के लिए एक कम्प्यूटर प्रणाली विकसित की है।

विमान के संचालन-कक्ष में **ध्वनि रिकार्डर** (कॉकपिट वायस रिकार्डर्स) भी स्थापित रहते हैं। जहां ब्लैक बॉक्स पिछले 25 घंटों की उड़ानों से संबंधित आंकड़े अंकित करता है, वहां ध्वनि रिकार्डर चार माइक्रोफोनों के जरिए संचालन-कक्ष में होने वाली बातचीत और अन्य आवाजों को कम से कम 30 मिनट तक संचित करता है। एन.ए.एल. के वैज्ञानिकों ने ध्वनि रिकार्डर का विश्लेषण करने की विधि खोज निकाली है और इस प्रकार कई विमान दुर्घटनाओं के वास्तविक कारणों को जानने में मदद दी है।

विमान का अभिकल्प यानी डिजाइन तैयार करना एक बहुत ही कठिन कार्य है। विमान बनाने के लिए हलके मगर मजबूत पदार्थों की जरूरत पड़ती है। विमान को उड़ाने के लिए उपयुक्त प्रणोदक शक्ति (इंजन) की आवश्यकता होती है। विमान के निर्माण में वायुगतिकी और द्रव-यांत्रिकी के नियमों का पालन करना पड़ता है? विमान के निर्माण में उड़ान-यांत्रिकी, नियंत्रण-प्रणाली, इलेक्ट्रोनिकी आदि का भी बड़ा महत्व होता है। एन.ए.एल. में इन सबके अध्ययन व अनुसंधान के लिए अलग-अलग विभाग स्थापित किए गए हैं। यहां पर विमानों, राकेटों, प्रक्षेपास्त्रों और उपग्रहों के परीक्षणों के लिए कई विशिष्ट साधन जुटाए गए हैं।

विमान जब आकाश में उड़ता है, तो उसे 'स्थिर' हवा का सामना करना पड़ता है। मगर विमान तेजी से उड़ता है, इसलिए उसे एक प्रकार से तेज गति वाली हवा का ही सामना करना पड़ता है (तेजी से स्कूटर चलाने वाले को ऐसी ही तेज हवा का सामना करना पड़ता है)। कैसे जाना जाए कि तेज गति से उड़ने वाले विमान पर हवा का प्रभाव किस-किस तरह पड़ता है?

युक्ति निकाली गई : एक विशिष्ट प्रकार की सुरंग (पवन सुरंग) में तेज हवा बहाकर उसके मार्ग में विमान का मॉडल रखा जाए। इस व्यवस्था का उपयोग करके डिजाइनर अपने विमान को अनुकूल आकार-प्रकार प्रदान कर सकता है। स्पष्ट है कि आकाश में उड़ान भरने वाले यानों के विकास के लिए पवन सुरंग एक अपरिहार्य साधन है। राइट-बंधुओं ने भी अपने पहले विमान (1903 ई.) के पंखों के आकार को निर्धारित करने के लिए पवन सुरंग का उपयोग किया था।

आजादी के बाद एक दर्जन साल गुजर जाने पर भी देश में कोई पवन सुरंग नहीं बनी थी। विमान-डिजाइन के लिए आवश्यक आंकड़े प्राप्त करने के वास्ते हम

विदेशी मदद पर आश्रित थे। एन.ए.एल. ने अपनी स्थापना (1959 ई.) के बाद अपने यहां एक पवन सुरंग स्थापित करने का निर्णय लिया। व्यापक अध्ययन करके 1.2 मीटर व्यास की एक त्रिध्वनिक पवन सुरंग (ट्राइसोनिक विंड टनल) के निर्माण का कार्य कनाडा की एक कंपनी को सौंपा गया। एन.ए.एल. में इस पवन सुरंग की स्थापना 1967 ई. में हुई। यह **प्रघात** (ब्लोडाउन) व्यवस्था वाली पवन सुरंग है। इसमें स्थापित मॉडल को घुमाया जा सकता है और एक विशिष्ट खिड़की से उसे देखा भी जा सकता है। हवा के प्रघात के दौरान मॉडल पर जो शक्तियां और जो दबाव काम करते हैं उन्हें मापा जा सकता है, उनका कंप्यूटर विश्लेषण प्रस्तुत किया जा सकता है। इस पवन सुरंग में यान के मॉडल पर 8 से 30 सेंकेंड तक तेज हवा द्वारा प्रहार किया जाता है।

एन.ए.एल. में दो ओर पवन सुरंगों की व्यवस्था की गई है इनमें से एक 0.3 मीटर व्यास की है और दूसरी 0.6 मीटर व्यास की। ये दोनों ही पवन सुरंगें स्वदेशी प्रयासों से तैयार की गई हैं।

एन.ए.एल. में स्थापित 1.2 मीटर की पवन सुरंग देश में सबसे बड़ी और अपने तरह की एकमात्र सुविधा है। इसके कारण भारत इस क्षेत्र में आत्मनिर्भर बना है और करोड़ों रुपयों की विदेशी मुद्रा की बचत हुई है। इस पवन सुरंग में अब तक 20,000 से भी अधिक प्रघात (ब्लोडाउन) आयोजित किए जा चुके है। एन.ए.एल. में स्थापित इन पवन सुरंगों का उपयोग प्रक्षेपास्त्रों (अग्नि, नाग, पृथ्वी आदि) और प्रक्षेपण यानों (ए.एस.एल.वी., पी.एस.एल.वी. आदि) के मॉडलों के

**चित्र 11.3 :** एन.ए.एल. 0.6 मीटर व्यास की त्रिध्वनिक पवन सुरंग

**चित्र 11.4 :** एन.ए.एल. 1.2 मीटर पवन सुरंग में एक लड़ाकू विमान के मॉडल का परीक्षण

परीक्षणों के लिए भी हो रहा है। ये पवन सुरंगें राष्ट्रीय सुविधाएं हैं।

पवन सुरंग में परीक्षण के लिए किसी यान का एक उपयुक्त मॉडल तैयार करना काफी कठिन काम है। भारत में बनाए जा रहे **हलके-लड़ाकू** विमान का एक मॉडल तैयार कर देने के लिए 1990-91 ई. में एक फ्रांसीसी एजेंसी दस लाख डालर की मांग कर रही थी। मगर अब एन.ए.एल. वैज्ञानिकों ने पवन सुरंग में परीक्षण के लिए सम्मिश्र (कंपोजिट) पदार्थों से यानों के मॉडल तैयार करने में निपुणता हासिल कर ली है।

जैसा कि पहले बताया गया है, एन.ए.एल. के दो परिसर हैं। मुख्य परिसर बेंगलूर रेलवे स्टेशन से करीब 10 किलोमीटर की दूरी पर **कोडीहल्ली** में है और दूसरा परिसर वहां से करीब 5 किलोमीटर की दूरी पर बेलूर ग्राम में, विमानतल के पास। एन.ए.एल. की पवन सुरंगें बेलूर परिसर में ही स्थापित हैं।

बेलूर काफी पुराना स्थल है। यहां परिसर के भीतर ही ईसा की 12वीं सदी का सोमेश्वर मंदिर मिला है, जिसका जीर्णोद्धार किया गया है। यहां से पांच अभिलेख भी मिले हैं, जिनमें सबसे पुराना होयसाल शासक वीर बल्लाल द्वितीय (1205 ई.) सोमेश्वर मंदिर का है। आधुनिक बेंगलूर शहर की स्थापना 1537 ई. में हुई, मगर

**चित्र 11.5 :** एन.ए.एल. के बेलूर परिसर में 12वीं सदी का सोमेश्वर मंदिर

एन.ए.एल. के बेलूर परिसर का इतिहास कम से कम डेढ़ हजार साल पुराना है।

एन.ए.एल. के बेलूर परिसर में पवन सुरंग सुविधा के अलावा और भी कई महत्वपूर्ण साधन जुटाए गए हैं। इन्हीं में एक है–**ध्वनिक परीक्षण सुविधा** (एकाउस्टिक टेस्ट फैसिलिटी)। जब कोई राकेट धरातल से ऊपर उठता है, तो भयंकर आवाज होती है। वह आवाज या गर्जना हमारी बोलचाल की आवाज से 1,00,000 गुना अधिक तेज हो सकती है। राकेट जब करीब 100 ऊंचे घने वायुमंडल में से होकर ऊपरी हिस्से में स्थापित उपग्रह को और राकेट की इलेक्ट्रोनिक नियंत्रण-प्रणालियों को भारी क्षति पहुंचा सकती है। अतः पहले से ही यह जानना आवश्यक हो जाता है कि उपग्रह और अंतरिक्षयान ध्वनि की कितनी अधिक मार झेल सकते हैं।

एन.ए.एल. के बेलूर परिसर में पवन सुरंग की सुविधा पहले से ही थी। इसलिए उच्च दाब में शुद्ध व शुष्क हवा की व्यवस्था वहां मौजूद थी। उसी व्यवस्था का उपयोग करके वहां 1986 ई. में एक राष्ट्रीय ध्वनिक परीक्षण सुविधा का निर्माण किया गया। पूर्णतः स्वदेशी साधनों से निर्मित यह सुविधा, जापान के बाहर, एशिया में सबसे बड़ी है। इसमें 157 डेसीबल तक ध्वनि दाब पैदा किया जा सकता है। यहां हमारे पी.एस.एल.वी. तथा जी.एस.एल.वी. जैसे राकेटों के खंडों का और

आई.आर.एस. तथा इन्सेट जैसे उपग्रहों का ध्वानिक परीक्षण होता है। जिस विशाल कक्ष में इन यानों तथा उपग्रहों का ध्वनिक परीक्षण होता है वह 10.33 मीटर लंबा, 8.2 मीटर चौड़ा और 13 मीटर ऊंचा है। इसमें उच्च ध्वनि दाब पैदा करने के लिए पवन सुरंग के वास्ते टंकियों में संचित हवा का इस्तेमाल किया जाता है। भारत में यह ध्वनिक परीक्षण सुविधा उपलब्ध होने से विदेशी मुद्रा की बहुत बचत हुई है। इस सुविधा का सबसे ज्यादा उपयोग इसरो द्वारा होता है।

**चित्र 11.6 :** आंतरिक परीक्षण कक्ष में आई.आर.एस. उपग्रह

**चित्र 11.7 :** ध्वानिक परीक्षण कक्ष में पी.एस.एल.वी. राकेट का एक खंड

आधुनिक विज्ञान के ऐसे कई क्षेत्र हैं जिनमें अनुसंधान-कार्य करने के लिए सुपरकम्प्यूटर अब एक अत्यावश्यक साधन बन गया है। वायुगतिकी, भूभौतिकी, मौसम विज्ञान आदि के क्षेत्रों में अनुसंधान-कार्य करने के लिए सुपरकम्प्यूटरों की मदद से गणितीय प्रतिरूप (मॉडल) तैयार करने पड़ते हैं, कम्प्यूटर अनुकरण (सिमुलेशन) करना पड़ता है। **सी.एस.आई.आर.** ने गणितीय प्रतिरूपण और कम्प्यूटर अनुकरण के महत्व को पहचाना और एन.ए.एल. के बेलूर परिसर में 1988 ई. में **गणितीय प्रतिरूपण**

**एवं कम्प्यूटर अनुकरण केंद्र** (सीएसआईआर–सेंटर फार मेथमैटिकल माडलिंग और कम्प्यूटर सिमुलेशन–संक्षेप में, **'सी-माक्स'** की) स्थापना की और इसके लिए एक सुपरकम्प्यूटर प्राप्त किया।

एन.ए.एल. के वैज्ञानिकों ने भी समांतर स्थापत्य पर आधारित **फ्लोसाल्वर** नामक एक सुपरकम्प्यूटर का विकास किया है (**आविष्कार, सितंबर 1996**)। मगर 'सी-माक्स' में **कान्वेक्स सी-3820** नामक जो सुपरकम्प्यूटर स्थापित किया गया है वह अमेरिका से प्राप्त किया गया है। गैलियम-आर्सेनाइड टेक्नोलॉजी पर आधारित यह वेक्टर-पैरेलेल सुपरकम्प्यूटर कई प्रकार के कार्य करने में समर्थ है। इस **कान्वेक्स सी-3820** सुपरकम्प्यूटर ने 1994 ई. से काम करना आरंभ कर दिया था। लातूर (महाराष्ट्र) के विनाशकारी भूकंप के बाद इस केंद्र में आधुनिक उपग्रहों की मदद से भारतीय भूपृष्ठ के प्रतिरूपण का महत्वपूर्ण कार्य हाथ में लिया गया। इस केंद्र में दक्षिणी प्रायद्वीप के भूपृष्ठ पर काम किया गया।

'सी-माक्स' में प्रतिरूपण के और भी कई कार्य शुरू किए गए हैं। यहां एक कार्यक्रम के अंतर्गत बंगाल की खाड़ी में उत्पन्न होने वाले चक्रवातों पर अध्ययन किया गया। असम के तेल क्षेत्रों में बढ़ते हुए प्रदूषण का अध्ययन हुआ। मुंबई के चारों ओर बढ़ रहे समुदी प्रदूषण का भी एक कार्यक्रम हाथ में लिया गया। यहां यह भी खोजबीन की गई कि महासागरों की जलवायु में होने वाले परिवर्तन घटित होते हैं। यहां नई दवाओं की आण्विक संरचना के बारे में भी खोजबीन होती है। तात्पर्य यह है कि, देश भर में फैली हुई **सी.एस.आई.आर.** की प्रयोगशालाएं अपनी कई जटिल समस्याओं के समाधान के लिए एन.ए.एल. के बेलूर परिसर में स्थापित 'सी-माक्स' केंद्र में पहुंचती हैं।

'सी-माक्स' में उच्च क्षमता वाले चार ग्राफिक्स वर्क स्टेशन स्थापित किए गए हैं। त्रिविमितीय समस्याओं को सुलझाने में इनसे विशेष मदद मिलती है। केंद्र के पास लोकल एरिया नेटवर्क (लान) है और **एर्नेट** तथा **इंटरनेट** के साथ वाइड एरिया नेटवर्क (वान) भी उपलब्ध है। तात्पर्य यह कि 'सी-माक्स' के गणना-साधनों का, **कान्वेक्स सी-3820** का भी, इंटरनेट के जरिए दूर-दूर के स्थानों में उपयोग किया जा सकता है।

एन.ए.एल. की स्थापना विमानों की उड़ान से संबंधित समस्याओं का समाधान खोजने के प्रयोजन से हुई थी। मगर यहां पिछले करीब 35 सालों में किए गए प्रयासों से अन्यत्र काम आने वाली कई सारी टेक्नोलॉजियों का विकास हुआ है। जैसे, यहां **इलेक्ट्रोप्लेटिंग** के क्षेत्र में हासिल की गई निपुणता का **परमाणु ऊर्जा निगम** को बड़ा लाभ हुआ है। परमाणु रिएक्टर में इस्तेमाल होने वाली **सील-डिस्कों** को

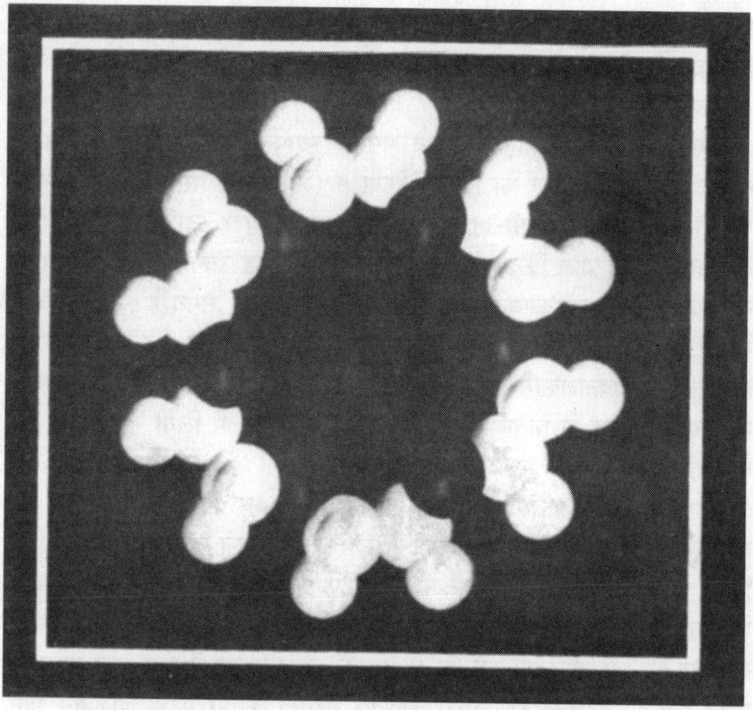

**चित्र 11.8 :** 18-क्राउन-6 नामक एक चक्रीय पेप्टाइड की आण्विक संरचना

लेकर निगम के सामने एक बहुत जटिल समस्या पैदा हो गई थी। इस समस्या को दो माह के भीतर सुलझाना था और विदेशों से इन डिस्कों को प्राप्त करना भी संभव नहीं था। बहुत उम्मीद तो नहीं थी, फिर भी परमाणु ऊर्जा निगम ने इस समस्या का समाधान खोजने के लिए एन.ए.एल. से अनुरोध किया। आज एन.ए.एल. की टेक्नोलॉजी का उपयोग करके ऐसी सैकड़ों डिस्कें अब देश में ही तैयार की जाती हैं।

एन.ए.एल. ने बहुत पहले ही ऊर्जा के विकास के कार्य को आरंभ कर दिया था। एन.ए.एल. के सहयोग से ही मणिकरण (हिमाचल प्रदेश) में भूतापीय द्रव से ऊर्जा पैदा करने वाला देश का पहला प्लांट स्थापित किया गया था। एन.ए.एल. ने पुराने हुए एयरो गैस टरबाइन इंजनों को बिजली उत्पादन के वास्ते उपयोग में लाने की टेक्नोलॉजी भी विकसित की है। पवन शक्ति का अध्ययन करके पवन मिलों के निर्माण की दिशा में भी एन.ए.एल. में काफी काम हुआ है। दरअसल,

पवन ऊर्जा के विकास के लिए यहां एक स्वतंत्र विभाग ही है। पवन ऊर्जा की प्राप्ति के प्रयोजन से यहां के वैज्ञानिकों ने कई क्षेत्रों का सर्वेक्षण किया है।

एन.ए.एल. में 2 किलोमीटर ऊर्जा पैदा कर सकने वाले 'समीर' नामक एक पवन मिल का विकास किया गया है। यहां पवन ऊर्जा से करीब एक किलोवाट की बैटरी चार्ज करने की तकनीक भी विकसित की गई है। एन.ए.एल. में स्थापित वांतरिक्ष विज्ञान और टेक्नोलॉजी की सूचना केंद्र को राष्ट्रीय सूचना केंद्र की मान्यता प्राप्त है। यहां के पुस्तकालय में करीब 75 हजार पुस्तकें हैं और करीब 80 हजार सजिल्द रिपोर्टें। पुस्तकालय में करीब 380 शोध-पत्रिकाएं आती हैं।

**चित्र 11.9 :** एन.ए.एल. द्वारा विकसित 'समीर' पवन मिल

मैंने **सी.एस.आई.आर.** की कई प्रयोगशालाओं में देखा है कि उनका मुद्रण और फोटोग्राफी से संबंधित कार्य प्रायः बाहर से ही कराया जाता है जिसमें भारी व्यय होता है। देखकर सुखद आश्चर्य हुआ कि एन.ए.एल. में मुद्रण व फोटोग्राफी से संबंधित लगभग सारे कार्य वहां के **ग्राफिक आर्ट विभाग** में ही सम्पन्न होते हैं। इसके लिए वहां आवश्यक उन्नत साधन जुटाए हैं। वस्तुतः एन.ए.एल. बहुत से मामलों में काफी हद तक एक आत्मनिर्भर संस्थान है।

सी.एस.आई.आर. का सबसे बड़ा संस्थान संभवतः एन.ए.एल. ही है। सी.एस.आई.आर. के लिए सबसे ज्यादा कमाई करने वाला संस्थान भी यही है। संस्थान के 9 विभागों में कुल करीब 1400 व्यक्ति कार्यरत हैं जिनमें वैज्ञानिकों की संख्या लगभग 350 है और तकनीकी सहायकों की 700 के लगभग। करीब 70 करोड़ के बजट में लगभग आधा पैसा बाह्य स्रोतों से प्राप्त किया जाता है। हिंदी का लेखक हूं, इसलिए एन.ए.एल. में कुछ डरते-डरते ही गया था। एक वजह थी–इसका विस्तार, यहां एक नहीं, कई प्रयोगशालाएं हैं, जो दो परिसरों में फैली

हुई हैं। दूसरी बात यह है कि यहां सामरिक महत्व के कई साधनों का विकास किया जाता है, इसलिए सुरक्षा-प्रबंध पर विशेष ध्यान दिया जाता है। जैसे, पवन सुरंग को देखने के लिए विशेष अनुमति प्राप्त करनी पड़ती है।

लेकिन एन.ए.एल. के बारे में मेरा आरंभिक भय बेबुनियाद साबित हुआ। मुझे संस्थान के विभिन्न विभागों को देखने-जानने का अवसर मिला, भरपूर सूचना-सामग्री मिली। सी.एस.आई.आर. के कुछ संस्थानों में 'हिंदी लेखक' को कभी-कभी कुछ कठिनाइयों का भी सामना करना पड़ता है। मगर यहां एन.ए.एल. में मुझे हिंदी के सवाल को लेकर कहीं कोई कठिनाई नहीं हुई। कारण भी समझ में आ गया। यहां के कई वैज्ञानिक एन.ए.एल. की उपलब्धियों के बारे में स्थानीय भाषा **कन्नड़** में प्रायः लेख आदि लिखते रहते हैं। यहां के विज्ञानकर्मियों के सहयोग से कन्नड़ भाषा में एक वैज्ञानिक पत्रिका भी प्रकाशित होती है। जो अपनी मातृभाषा से प्रेम करता है उसका देश की राजभाषा हिंदी से भी लगाव होना एक सहज स्वाभाविक बात है।

अध्याय-12

# नया स्वदेशी सुपरकम्प्यूटर सुपर-सॉल्वर

(पुणे, हैदराबाद और मुंबई)

कम्प्यूटर और उसके बाद सुपर कम्प्यूटर। तेजी से बढ़ती आज की सभ्यता की गुत्थियां सुलझाने की क्षमता से युक्त सुपरकम्प्यूटर आज हमारे अस्तित्व के लिए अत्यन्त आवश्यक हो गए हैं। न्यूक्लीय विस्फोट हो, अंतरिक्ष में राकेट का प्रक्षेपण हो या जीवन की रहस्यमय गुत्थियां, सुपरकम्प्यूटरों के बिना ये काम सम्भव नहीं। जिन देशों के पास अपने सुपरकम्प्यूटर हैं वे दूसरों को देते नहीं। इन्हें बनाने की दुर्लभ प्रौद्योगिकी हासिल करने की कोशिशें की जा रही हैं।

आधुनिक विज्ञान के ऐसे कई क्षेत्र हैं जिनमें अनुसंधान-कार्य करने के लिए सुपरकम्प्यूटर अब एक आवश्यक साधन बन गया है। वैज्ञानिक अनुसंधान के दो प्रमुख अंग रहे हैं–**सिद्धांत** और **प्रयोग**। अब इनके साथ **सुपरकम्प्यूटिंग** का तीसरा अंग भी जुड़ गया है। वस्तुतः सुपरकम्प्यूटिंग अब एक स्वतंत्र विज्ञान बन गया है और भौतिक जगत की अनेक जटिल घटनाओं को सुस्पष्ट करने में सहयोग दे रहा है। यह सामरिक महत्व का भी एक आवश्यक साधन बन गया है। भारतीय विज्ञान का भविष्य अब काफी हद तक सुपरकम्प्यूटरों की उपलब्धि पर आश्रित है।

आज से करीब 40 साल पहले की बात है। तब हमारे पास कोई सुपर-कम्प्यूटर नहीं था। हमें भारतीय उपमहाद्वीप के मौसम के अध्ययन के लिए एक सुपरकम्प्यूटर की आवश्यकता थी। नई दिल्ली के मौसम भवन में प्रतिदिन 40 लाख अक्षरों के तुल्य मौसमी सूचनाएं प्राप्त होती हैं। ये सूचनाएं इन्सैट और कुछ अन्य भूस्थिर उपग्रहों से प्राप्त होती हैं, देश भर के करीब 600 मौसम-केंद्रों से मिलती हैं। इनके अलावा और भी कई साधन हैं जिनसे मौसम भवन में निरंतर सूचनाएं पहुंचती रहती हैं। इन सब सूचनाओं के आधार पर मौसम को निर्धारित करने वाले वायु-गति, वायु-दिशा, तापमान, आर्द्रता आदि निरंतर परिवर्तनशील कारकों के आपसी संबंधों तथा प्रभावों का मापन करना अत्यंत जटिल कार्य है, जो एक सुपरकम्प्यूटर की गणनाशक्ति से ही त्वरित सम्पन्न हो सकता है।

सुपरकम्प्यूटरों पर अमेरिका का एकाधिकार रहा है। काफी हद तक आज भी

है। हमारे वैज्ञानिक-अधिकारी पूरे दो साल तक अमेरिका से लेकर जापान तक दौड़-धूप करने के बाद ही बड़ी मुश्किल से अमेरिका सुपरकम्प्यूटर **केंद्र एक्स-एमपी/14** प्राप्त कर पाए, मगर अपमानजनक शर्तों के साथ। नई दिल्ली के मौसम भवन में स्थापित इस सुपरकम्प्यूटर का उपयोग मौसम के निर्धारण और कृषि से संबंधित विशेषज्ञ प्रणालियां विकसित करने के लिए हो रहा है। इसकी प्रबल गणनाशक्ति से और भी कई तरह के, सामरिक महत्व के भी, काम किए जा सकते हैं, मगर उसके लिए अमेरिका की इजाजत नहीं है। इस सुपरकम्प्यूटर पर अमेरिका की पहरेदारी है।

बेंगलूर का भारतीय विज्ञान संस्थान भी क्रे सुपरकम्प्यूटर प्राप्त करने के प्रयास में जुटा हुआ था। संस्थान में इसकी स्थापना के लिए एक विशेष प्रयोगशाला भी बना ली गई थी। मगर अमेरिका ने संस्थान को क्रे सुपरकम्प्यूटर देने से इनकार कर दिया। तब भारतीय वैज्ञानिकों ने अपने ही प्रयासों से सुपरकम्प्यूटरों का विकास करने का निश्चय किया।

बेंगलूर की **राष्ट्रीय वैमानिकी प्रयोगशाला** (एन.ए.एल.) को अपने तरल गतिक और वायु गतिक सवालों को हल करने के लिए मेनफ्रेम से अधिक शक्तिशाली कम्प्यूटर की बड़ी आवश्यकता महसूस हो रही थी। प्रयोगशाला के तत्कालीन निदेशक

**चित्र 12.1 :** फ्लोसॉल्वर योजना के जनक प्रो. रोद्दम नरसिम्हा

**डा. रोद्दम नरसिम्हा** ने अपने ही प्रयासों से एक सुपरकम्प्यूटर तैयार करने का निश्चय कर लिया। मगर सवाल था–कम से कम खर्च करके जल्दी से जल्दी एक शक्तिशाली कम्प्यूटर किस तरह तैयार हो सकता है? निश्चय हुआ–**समांतर संसाधन** (पैरेलल प्रोसेसिंस) के स्थापत्य को अपनाया जाए।

अमेरिका में आकर बसे हुए हंगरी के प्रख्यात गणितज्ञ जोन **फोन न्यूमान** (1903-57) ने 1946 ई. में सुझाव दिया था कि प्रोग्राम को कम्प्यूटर की मुख्य स्मृति में संचित किया जाना चाहिए और श्रृंखलाबद्ध या क्रमबद्ध तरीके से उसका इस्तेमाल किया जाना चाहिए। यह व्यवस्था **फोन न्यूमान स्थापत्य** के नाम से जानी गई। आज भी अधिकांश कम्प्यूटरों का निर्माण फोन न्यूमान स्थापत्य के अनुसार ही होता है–एक प्रोसेसर, एक प्रोग्राम। **क्रे एक्स-एमपी/14** भी इसी तरह का सुपरकम्प्यूटर है। तकनीकी शब्दावली में कहें, तो यह सुपरकम्प्यूटर **पाइपलाइनिंग** और **वेक्टर प्रोसेसिंग** के जटिल स्थापत्य पर आधारित है।

समांतरता के कई स्तर हैं। मोटे तौर पर समांतर संसाधन का अर्थ है–किसी समस्या या प्रोग्राम को छोटे-छोटे भागों में बांटना और उन छोटे भागों को अनेक प्रोसेसरों पर एक-साथ हल करना। समांतर स्थापत्य की इस व्यवस्था में उच्च क्षमता की कम्प्यूटर प्रणालियां अपेक्षाकृत कम लागत में उपलब्ध हो जाती हैं।

सन् 1985 तक यह स्पष्ट हो गया था कि कई प्रोसेसरों/माइक्रोप्रोसेसरों को समांतर रखकर उच्च गणनाशक्ति हासिल की जा सकती है। कॉल्टेक (अमेरिका) ने **इंटेल 8086/8087** माइक्रोप्रोसेसरों का उपयोग करके 1985 ई. में **कॉस्मिक क्यूब** नामक समांतर कम्प्यूटर बना लिया था। यह अपने समय के सुपरकम्प्यूटरों की तुलना में काफी अच्छी तरह काम कर सकता था।

समांतर संसाधन की व्यवस्था को भारत में भी अपनाना उचित समझा गया। प्रो. नरसिम्हा की प्रेरणाओं से 1986 ई. के आरंभ में एन.ए.एल. (बेंगलूर) में समांतर सुपरकम्प्यूटर के विकास का कार्य शुरू हो गया। दिसंबर 1986 तक यह कम्प्यूटर बनकर तैयार हो गया। इसमें चार इंटेल **8086/8087** प्रोसेसरों को आपस में संयुक्त किया गया था। प्रत्येक प्रोसेसर की स्मृति 128 किलोबाइट रैम थी। इसमें **इंटेल मल्टिबस-1** का उपयोग किया गया। अमेरिका में यह धारणा बनी थी कि समांतर गणना में **मल्टिबस-1** का उपयोग ठीक नहीं रहेगा, मगर एन.ए.एल. के समांतर कम्प्यूटर में इसने बड़ी कुशलता से काम किया।

यह कम्प्यूटर प्रमुखतः वायु या किसी भी तरह के प्रवाह से संबंधित सवालों को त्वरित हल करने के प्रयोजन से बनाया गया था, इसलिए इसे सरल-सा नाम दिया गया–**फ्लोसॉल्वर**। चूंकि यह पहली पीढ़ी का फ्लोसॉल्वर था, इसलिए इसे

**फ्लोसाल्वर मार्क-1** कहा गया। इस कम्प्यूटर के लिए 'कॉनकरेंट एक्जेक्यूटिव' नामक समांतर प्रचालक प्रणाली एन.ए.एल. में ही तैयार की गई।

इस प्रकार, **फ्लोसॉल्वर मार्क-1** भारत में निर्मित पहला समांतर कम्प्यूटर था। साथ ही, मल्टिबस-1 का उपयोग करने वाला संसार का यही पहला समांतर कम्प्यूटर था। इसकी गणनाशक्ति 0.3 मेगाफ्लॉप्स (मिलियन फ्लोटिंग प्वाइंट आपरेशन्स प्रति सेकंड) थी, यानी यह एक सेकंड में 3 लाख गणनाएं करने में समर्थ था। फिर भी नेवियर-स्ट्रोकेस जैसे कई जटिल समीकरणों के कोड हल करने में समर्थ था।

**फ्लोसॉल्वर मार्क-1** की सफलता ने यह सिद्ध कर दिया कि यदि भारत सुपरकम्प्यूटरों के क्षेत्र में पहुंचना चाहता है, तो उसे समांतर प्रणाली को ही अपनाना होगा। सन् 1988 में जब यह स्पष्ट हो गया कि अमेरिका से सुपर कम्प्यूटर बाइज्जत प्राप्त करना संभव नहीं है, तब देश के तीन-चार संस्थानों में समांतर सुपरकम्प्यूटर विकसित करने की योजनाएं अस्तित्व में आईं। सन् 1988 में ही प्रमुखतः एक समांतर सुपर कम्प्यूटर को विकसित करने के उद्देश्य से पुणे में **सी-डैक** (सेंटर फार डेवलपमेंट ऑफ एडवांस्ड कम्प्यूटिंग) की स्थापना की गई। आगे जाकर इन संस्थानों ने अपने-अपने समांतर सुपर विकसित किए : सी-डैक ने **परम**, अनुराग (हैदराबाद) ने **पेस**, सी-डॉट ने **मौसम** व **रेडियो खगोल विज्ञान प्रणाली** और

**चित्र 12.2 :** प्रोसेसरों वाला फ्लोसॉल्वर मार्क-2

बी.ए.आर.सी. (मुंबई) ने **नाभिकीय अनुसंधान प्रणाली अनुपम**। इनमें सी-डैक द्वारा विकसित **परम** सुपरकम्प्यूटरों को सबसे ज्यादा सफलता मिली है।

चिप टेक्नालॉजी तेजी से बदल रही थी। अधिक शक्तिशाली **इंटेल 80386/80387** प्रोसेसर अस्तित्व में आ गए थे। एन.एन.एल. ने इन प्रोसेसरों का उपयोग करके 1988 ई. में दूसरी पीढ़ी का **फ्लोसॉल्वर मार्क-2** तैयार कर लिया। इसमें प्रति प्रोससर 4 मेगाबाइट रैम वाले चार प्रोसेसरों का इस्तेमाल किया गया। समांतर स्थापत्य पहले की ही तरह 'साझी स्मृति' वाला बना रहा। फ्लोसॉल्वर मार्क-2 की क्षमता 1.2 मेगाफ्लॉप्स थी। स्पष्ट है कि इस क्षमता के कारण काफी ज्यादा आंकड़ों का संसाधन करना संभव हुआ।

सन् 1990 में अधिक शक्तिशाली **इंटेल आई 860** प्रोसेसर मार्केट में आए। जहां आई 80386/80387 प्रोसेसर की शिखर संसाधन शक्ति केवल 0.5 मेगाफ्लॉप्स थी। वहां **आई 860** की शिखर संसाधन शक्ति 80 मेगाफ्लॉप्स थी। एन.ए.एल. के वैज्ञानिकों ने **आई 860** को अपनाकर 1991 ई. के मध्य तक तीन प्रोसेसरों वाले **फ्लोसॉल्वर मार्क-3** को तैयार कर लिया।

तीसरी पीढ़ी के इस फ्लोसॉल्वर के लिए हार्डवेयर और साफ्टवेयर में काफी परिवर्तन करने पड़े। इसमें **मल्टिबस-1** की बजाय **मल्टिबस-11** का इस्तेमाल किया गया। इसका समांतर स्थापत्य भी भिन्न प्रकार का होना था। इसके लिए संदेश-प्रेषण (मैसेज पासिंग) की व्यवस्था अपनाई गई। इसके लिए समांतर प्रचालक प्रणाली 'कॉनकरेंट एक्जेक्यूटिव' को पूर्णतः नए सिरे से तैयार करना पड़ा। महत्व की बात यह है कि यह प्रचालक प्रणाली एन.ए.एल. के कम्प्यूटर-विशेषज्ञों ने स्वयं अपने प्रयासों से तैयार की। इस प्रणाली के कारण **फ्लोसॉल्वर मार्क-3** पर एक - साथ कई समांतर कार्य कर पाना संभव हो गया।

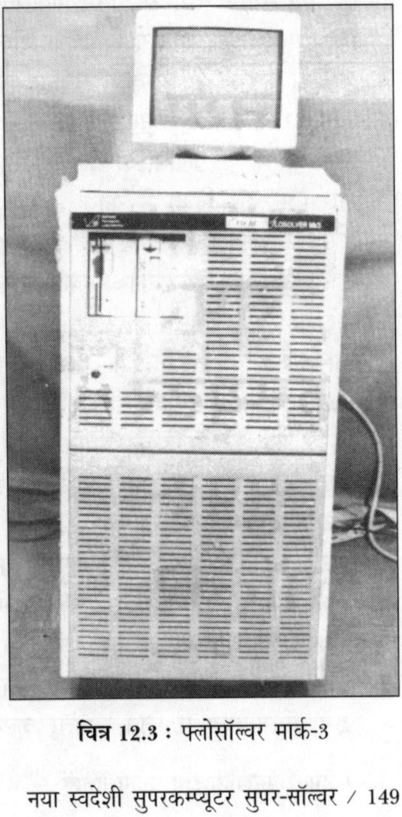

**चित्र 12.3 :** फ्लोसॉल्वर मार्क-3

फ्लोसॉल्वर कम्प्यूटरों का विकास प्रमुखतः तरल गतिकी व वायु गतिकी से संबंधित सवालों को हल करने के लिए किया जा रहा था। पहले के फ्लोसॉल्वरों से 2 विमितीय हल ही प्राप्त किए जा सके थे। परंतु **फ्लोसॉल्वर मार्क-3** से अब **3**-विमितीय हल प्राप्त करना संभव हो गया। इसका समांतर संसाधन के प्रशिक्षण, गूढ लेखन, बिंब संसाधन और संरचना विश्लेषण के लिए भी उपयोग किया जा सकता है। मगर विशेष बात यह है कि यह कम्प्यूटर, **क्रे** सुपरकम्प्यूटरों की तरह, मौसम की भविष्यवाणी करने में भी सफल सिद्ध हुआ है।

कम्प्यूटर के जरिए मौसम की भविष्यवाणी करना एक अत्यंत कठिन कार्य है। मौसम को निर्धारित करने वाले गणितीय समीकरण बहुत जटिल होते हैं। इन्हें त्वरित हल करके ही मौसम के बारे में उपयोगी भविष्यवाणी की जा सकती है। इसीलिए सुपरकम्प्यूटरों की बहुत ज्यादा मांग है और ये बहुत ज्यादा महंगे हैं।

नवंबर 1992 में भारत सरकार के विज्ञान और प्रौद्योगिकी विभाग (डीएसटी) ने सवाल उठाया–"भारत में समांतर संसाधन की जो प्रणालियां विकसित की जा रही हैं, क्या मध्यम स्तर की मौसम-भविष्यवाणी के लिए क्रे जैसे महंगे सुपरकम्प्यूटरों के स्थान पर उनका उपयोग किया जा सकता है?" इस संभावना का पता लगाने के लिए डी एस टी ने भारत में समांतर कम्प्यूटरों के निर्माण में जुटे हुए संस्थानों को, एन.ए.एल. को भी आमंत्रित किया।

एन.ए.एल. के फ्लोसॉल्वर दल ने इस चुनौती को स्वीकार किया। सन् 1993 के आरंभ में इस दिशा में कार्य शुरू हुआ। सबसे पहले मौसम भविष्यवाणी सॉफ्टवेयर **सार्वभौम परिसंचरण मॉडल टी-80 फ्लोसॉल्वर मार्क-3** के साथ 'संयुक्त' करना था और इस कोड को अनुक्रमिक रूप में चलाना था। इस कोड में करीब 50,000 अनुदेश हैं, इसमें क्रे सुपर को दिए जाने वाले कुछ विशिष्ट अनुदेश भी हैं, इसलिए यह बहुत कठिन कार्य था। मगर काफी मेहनत के बाद इस कोड को फ्लोसॉल्वर के साथ संयुक्त करने और इसे अनुक्रमिक रूप से चलाने में सफलता मिल गई। फिर, इस कोड का समांतरीकरण करने में, यानी समस्या के सवालों को फ्लोसॉल्वर के **इंटेल आई 860** प्रोसेसरों में वितरित करके उन्हें एकसाथ चलाने में भी सफलता मिल गई।

सरल शब्दों में कहें, तो डी एस टी की योजना इस प्रकार थी। हर संस्थान को अपने समांतर कम्प्यूटर पर **क्रे एक्स-एमपी** द्वारा इस्तेमाल किए जाने वाले **टी-80** कोड को चलाकर 24 घंटों के लिए मौसम की भविष्यवाणी करनी थी। **क्रे** सुपर यह कार्य 15 मिनट में पूरा कर लेता है।

इस प्रतियोगिता में जिन समांतर कम्प्यूटरों ने भाग लिया उनमें **फ्लोसॉल्वर**

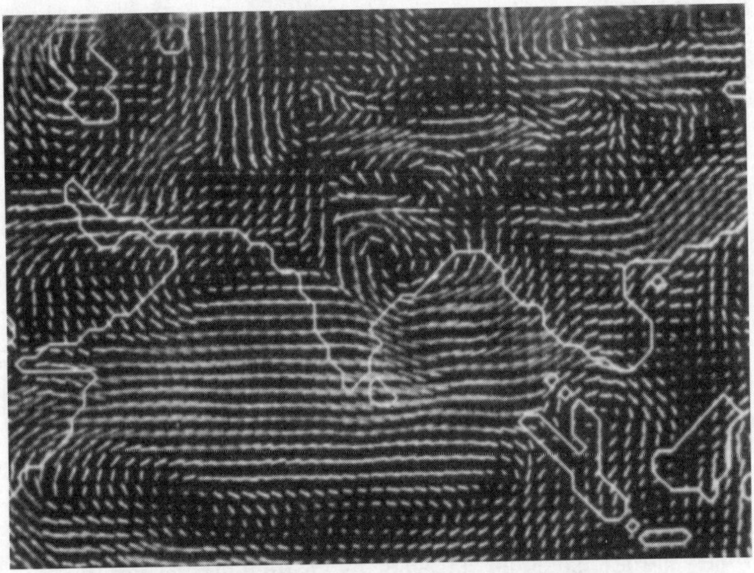

**चित्र 12.4 :** टी-80 का उपयोग करके फ्लोसॉल्वर द्वारा परिकलित दुनिया भर की वायु गति के सदिश (वेक्टर)

**मार्क-3** के परिणाम सबसे अच्छे रहे। इस कम्प्यूटर को भविष्यवाणी प्रस्तुत करने के लिए 100 मिनट का समय लगा। सी-डैक और बी.ए.आर.सी. के समांतर कम्प्यूटर 30 मिनट से अधिक समय की भविष्यवाणी नहीं कर पाए, हालांकि भविष्यवाणी 24 घंटों की करनी थी। सारांश यह कि मौसम की भविष्यवाणी करने में, इसके **टी-80** कोड का सुचारु उपयोग करने में **फ्लोसॉल्वर मार्क-3** को सबसे ज्यादा सफलता मिली। इसी सफलता का यह परिणाम है कि अमेरिका के **आई.बी.एस.** कारपोरेशन ने **टी-80** कोड को अपने **आई.बी.एम.** कम्प्यूटरों के साथ संयुक्त करने की जिम्मेदारी एन.ए.एल. के फ्लोसॉल्वर दल को सौंपी है। इस प्रयास में बेंगलूर का भारतीय विज्ञान संस्थान फ्लोसॉल्वर दल का सहयोगी है।

फ्लोसॉल्वर दल का प्रयास रहा है, नए प्रोसेसरों को अपनाते हुए अधिकाधिक शक्तिशाली समांतर कम्प्यूटरों का विकास करते जाना। **टाटा एलएक्स** का सहयोग लेकर फ्लोसॉल्वर दल ने अपना चौथी पीढ़ी का समांतर कम्प्यूटर भी अब तैयार कर लिया है। इस **फ्लोसॉल्वर मार्क-4 को सुपरसाल्वर** का नाम दिया गया है। इसमें सिलिकन ग्राफिक्स से प्राप्त किए गए-4 **मिप्स आर 8000** प्रोसेसरों का इस्तेमाल किया गया है। प्रत्येक प्रोसेसर की शिखर क्षमता 300 मेगाफ्लाप्स है। अर्थात्, पूरे

सुपरसॉल्वर की शिखर संसाधन क्षमता 1.2 गेगाफ्लाप्स (अरब फ्लोटिंग प्वाइंट आपेरशन्स) है। यह नई दिल्ली के मौसम भवन में स्थापित अमेरिकी के सुपरकम्प्यूटर की क्षमता से कहीं ज्यादा है। इस मशीन की क्षमता का अनुमान इसी बात से लग जाएगा कि जहां 24 घंटों के मौसम की भविष्यवाणी करने के लिए 5 प्रोसेसरों के फ्लोसॉल्वर मार्क-3 को 100 मिनट का समय लगता है, वहां इस मशीन के दो आर 800 प्रोसेसर यह भविष्यवाणी 33 मिनट में प्रस्तुत कर देते हैं।

जैसा कि हमने पहले बताया है, नई दिल्ली के मौसम भवन में स्थापित क्रे सुपरकम्प्यूटर पर अमेरिका की पहरेदारी है और भारतीय वैज्ञानिक इसका अपनी इच्छानुसार उपयोग नहीं कर सकते। इसके विपरीत, एन.ए.एल. के सुपरसॉल्वर पर किसी तरह की कोई पहरेदारी नहीं है। 25 साल पहले मैंने एन.ए.एल. (बेंगलूर) जाकर इस सुपरसॉल्वर मशीन को देखा था। फ्लोसॉल्वर विभाग के प्रमुख डॉ. यू. एम. सिन्हा ने मुझे सुपरसॉल्वर के दर्शन कराए, इसके बारे में काफी जानकारी दी। देश की कोई भी वैज्ञानिक संस्था अपनी जरूरी गणनाओं के लिए इस सुपरसॉल्वर समांतर कम्प्यूटर का उपयोग कर सकती है–डैक एन.ए.एल. की विज्ञप्ति है।

यह सही है कि भारतीय समांतर कम्प्यूटरों को मार्केट में अभी सफलता नहीं मिल पाई है (इस मामले में सी-डैक के परम को ही थोड़ी सफलता मिली है)। फ्लोसॉल्वर मशीनें अब तक देश के तीन-चार संस्थानों में ही स्थापित हुई हैं। चूंकि फ्लोसॉल्वर का विकास सी.एस.आई.आर. की एक प्रयोगशाला में हुआ है, इसलिए

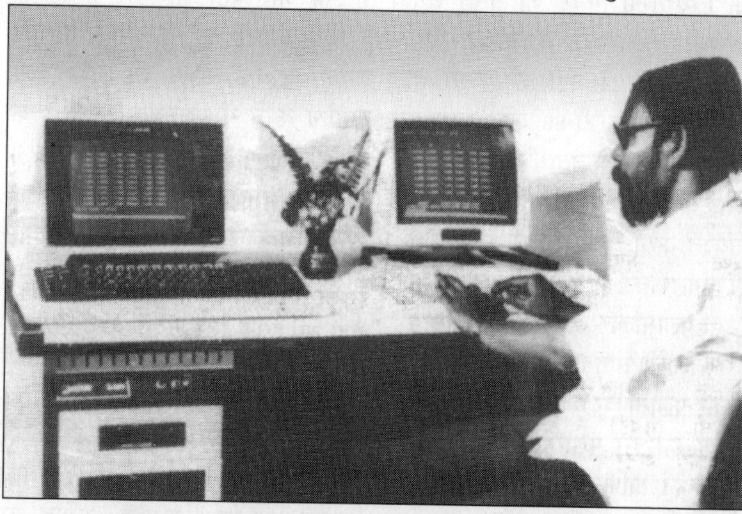

**चित्र 12.5 :** फ्लोसॉल्वर विभाग के प्रमुख डॉ. यू.एम. सिन्हा

परिषद् की ओर से अन्य प्रयोगशालाओं के उपयोग के लिए देश के कम से कम चार क्षेत्रों में चार फ्लोसॉल्वर तो स्थापित किए ही जा सकते हैं। अन्य सुपरकम्प्यूटरों की तुलना में इन मशीनों का मूल्य भी काफी कम है–50 लाख रुपए के आसपास।

फरवरी 1996 में फ्लोसॉल्वर योजना ने अपने 10 साल पूरे किए। फ्लोसॉल्वर भारत का पहला समांतर कम्प्यूटर था। इसकी सफलता के बाद ही देश में समांतर कम्प्यूटरों के विकास की अन्य योजनाएं अस्तित्व में आईं। समांतर कम्प्यूटर के विकास के मामले में फ्लोसॉल्वर ने एक प्रेरक अग्रणी की भूमिका अदा की है। प्रो. नरसिम्हा अक्सर कहा करते थे : "सॉफ्टवेयर और समांतर कम्प्यूटिंग भविष्य की लहरें होगी"। इस कथन को अब हम सच साबित होते देख रहे हैं। इन दोनों ही क्षेत्रों में भारत अब तेजी से आगे बढ़ता जा रहा है। चूंकि अब हम उच्च क्षमता वाले समांतर सुपरकम्प्यूटर बनाने में समर्थ हैं, इसलिए समकक्ष क्षमता वाले अमेरिकी कम्प्यूटर हमें अब आसानी से उपलब्ध होने लगे हैं।

कई अमेरिकी और जापानी कंपनियां भी अधिकाधिक शक्तिशाली समांतर कम्प्यूटरों के विकास में जुटे हुए हैं। हजारों प्रोसेसरों को आपस में जोड़ कर टेराफ्लॉप्स (टेरा का अर्थ है एक लाख करोड़) शक्ति के समांतर कम्प्यूटर तैयार कर लिए हैं। भारत अब टेराफ्लॉप्स की सीमा में पहुंच चुका है।

अध्याय-13

# केंद्रीय ईंधन अनुसंधान संस्थान

(धनबाद)

जमीन के नीचे कोयला खान में उतरने का यह मेरा पहला अनुभव था। थोड़ा डर भी रहा था। लिखकर भी देना पड़ा कि नीचे यदि कोई दुर्घटना होती है, तो उसके लिए मैं स्वयं जिम्मेदार हूं। जब जाना कि नीचे कई सौ मजदूर काम कर रहे हैं, तो हिम्मत बंधी। मेरे साथ थे धनबाद (बिहार) के **केंद्रीय ईंधन अनुसंधान संस्थान** के एक वैज्ञानिक और नजदीक की **चासनाला कोलियरी** के एक अधिकारी।

गम बूट पहने। सिर पर हेलमेट चढ़ाया। कमरपट्टे से बैटरी-बक्से को पीछे बांध लिया और टॉर्च हाथ में थाम लिया। लिफ्ट से ऊपर 22 वीं मंजिल तक तो गया हूं, मगर एक खुली लिफ्ट से अंधेरे कुएं में नीचे करीब आधे किलोमीटर की गहराई तक पहली बार उतर रहा था। तीन मीटर प्रति सेकंड की रफ्तार से उतर रही खुली लिफ्ट आवाज तो खूब कर रही थी, मगर नीचे पहुंचने में ज्यादा देर नहीं लगी।

सोचा था, नीचे पहुंचने पर शायद दम घुटेगा। मगर नीचे उतरने पर देखा कि वहां ठंडी तेज हवा बह रही है। यह ताजी हवा ऊपर से नीचे छोड़ी जाती है–लगातार। ऊपर से ही पेयजल भी नीचे पहुंचता रहता है।

देखा कि नीचे कोयला खान में सुरंगें दूर-दूर तक फैली हुई हैं। सुरंगों में रेल-पटरियां बिछी हुई हैं। उन पर कोयले से भरी ट्रालियां चल रही हैं। कहीं मजदूर कोयला निकाल रहे हैं। कहीं नई कोयला-परत खोली जा रही है। कहीं खंभे खड़े करने का काम चल रहा है। जहां से कोयला निकाला जा चुका है, वहां बालू भरी जा रही है। भूमिगत कोयला खान की अपनी एक अलग ही दुनिया होती है। हमारे साथ गए खान अधिकारी के शब्द हैं : "बहुत कठिन होता है कोयला खानों में काम करने वालों का जीवन।"

नीचे सुरंगों में चलने-फिरने में मुझे थोड़ी कठिनाई तो हुई, मगर भय गायब हो गया था। हम करीब एक घंटे तक नीचे रहे। याद के लिए मैं अपने साथ ऊपर ले आया कोयले का एक टुकड़ा!

अक्सर ऐसा होता है कि जो चीज हमारे लिए बहुत उपयोगी होती है, जिसका हम काफी इस्तेमाल करते हैं, उसके महत्व को हम ठीक से समझ ही नहीं पाते।

ऐसी ही एक चीज है—कोयला। आज दुनिया में कोयला ही ऊर्जा का प्रमुख स्रोत है। दुनिया की लगभग 30 प्रतिशत ऊर्जा की आवश्यकता कोयले से पूरी होती है। भारत में करीब 55 प्रतिशत ऊर्जा की आवश्यकता कोयले से पूरी की जाती है। बिजली पैदा करने के लिए कोयले का उपयोग होता है। कोयले से बनाए गए कोक को धमन भट्ठी में लौह अयस्क के साथ डालकर लोहा व इस्पात बनाया जाता है। कोयले से प्लास्टिक व नायलोन, रंग व दवाएं, खाद व कीटनाशक आदि अनेक चीजें प्राप्त की जाती हैं। यही वजह है कि कोयले का उपयोग दूसरे किसी भी खनिज से अधिक होता है। कोयले में संचित 'सूर्य की ऊर्जा' मानव जीवन को बेहतर बनाने में योग देती है। कोयला सचमुच ही हीरा है—**काला हीरा!**

मगर कोयला वस्तुतः क्या है? वैज्ञानिक इस प्रश्न का अभी तक ठीक-ठीक उत्तर नहीं खोज पाए हैं। मोटे तौर पर यही कहा जा सकता है कि आज से करीब बीस-पच्चीस करोड़ साल पहले धरती पर जो विशालकाय वनस्पति थी उसी के धरती के नीचे धंसकर कठोर होने पर आज का कोयला बना है। आज के कोयले की एक मीटर मोटी तह उस प्राचीन काल के 20 मीटर मोटे लकड़ी के अंबार के सघन होने से बनी है। धरती का करीब 85 प्रतिशत कोयला उत्तरी गोलार्ध के $30^\circ$ से $60^\circ$ अक्षांश के बीच स्थित अमरीका, रूस और चीन जैसे देशों में प्राप्त होता है। भारत को इस सम्पदा का मात्र 1.5 प्रतिशत हिस्सा ही मिला है जो हमारे लिए पर्याप्त नहीं है।

बदलते रूप के अनुसार कोयले के चार प्रकार हैं—**पीट, लिग्नाइट, बिटूयूमिनस और ऐंथ्रासाइट**। इनमें कार्बन और ऊर्जा की मात्रा क्रमशः बढ़ती जाती है। घनत्व भी बढ़ता जाता है। मगर जल की मात्रा क्रमशः कम होती जाती है। ऐंथ्रासाइट का आपेक्षिक घनत्व लगभग 1.5 होता है। इसे कार्बन का शुद्ध रूप माना जाता है।

कोयले के कुछ नमूने $800^\circ$ से $950^\circ$ सेल्सियस ताप पर वायुरहित वातावरण में गर्म किए जाएं तो वे पिघल कर मुलायम हो जाते हैं और ठंडे होने पर कठोर पिंड में बदल जाते हैं। ऐसे कोयले को **कोककारी कोयला (कोकिंग कोल)** कहते हैं। धमन भट्ठी में लौह संगलन के लिए कोककारी कोयले की आवश्यकता होती है। एक टन लोहा तैयार करने के लिए उच्च गुणवत्ता वाले 1.5 टन कोयले की जरूरत पड़ती है। मगर भारत में कोककारी कोयले के भंडार बहुत ही सीमित हैं और गुणवत्ता निम्न कोटि की है। उच्च कोटि का कोककारी कोयला झरिया कोयलांचल (धनबाद जनपद) में ही उपलब्ध है, और वह भी काफी कम है। भारत में अच्छे लौह अयस्क के विपुल भंडार मौजूद हैं, मगर हमारा अधिकांश कोयला

चित्र 13.1 : केंद्रीय ईंधन अनुसंधान संस्थान

कोककारी गुणों से रहित, अधिक राख तथा वाष्पीय अंशों वाला है।

चीनी व रोमन लोगों को बहुत प्राचीन काल से कोयले की जानकारी रही है। इंग्लैंड में कोयले का उत्पादन और प्रयोग 12वीं सदी में शुरू हुआ। प्राचीन काल में भारतीयों को कोयले की जानकारी तो रही है, परंतु वे प्रमुखतः काठ कोयले (अंगारों) का ही उपयोग करते रहे। आधुनिक काल में भारत में कोयले का उपयोग 1774 ई. से आरंभ हुआ। यह कोयला रानीगंज (पश्चिम बंगाल) से प्राप्त किया गया था। महत्वपूर्ण झरिया कोयला क्षेत्र की खोज सन् 1839 में ही हो गई थी, मगर यहां खनन का काम सन् 1894 के बाद ही आरंभ हुआ। सन् 1911 में **टाटा आयरन एंड कंपनी** (टिस्को) ने झरिया कोयलांचल में प्रवेश किया।

कोयले की मांग बढ़ती गई, तो इसके वैज्ञानिक अध्ययन के लिए संस्थान स्थापित करना आवश्यक हो गया। धनबाद में 1926 ई. में **भारतीय खनिज विद्यापीठ** की स्थापना हुई। कोयले के बारे में कई सारी बातें जाननी थीं। जैसे, क्या प्राप्त कोयला उपयुक्त गुणों वाला है? यदि है, तो क्या वह भविष्य में भी मिलता रहेगा? यदि यह घटिया किस्म का है, तो क्या इसे सुधारा जा सकता है? आसानी से उपलब्ध घटिया किस्म के कोयले का समुचित उपयोग करने के लिए उपकरणों के डिजाइन को किस तरह बदला जा सकता है? यह भी जानना जरूरी था कि देश के किस क्षेत्र में किस किस्म का कोयला कितनी मात्रा में उपलब्ध है।

इन्हीं सब जरूरतों को ध्यान में रखकर अप्रैल 1946 में धनबाद से करीब 16 कि.मी. दूर के डिगवाडीह स्थान पर **केंद्रीय ईंधन अनुसंधान संस्थान (सेंट्रल फ्यूएल**

**रिसर्च इंस्टीट्यूट**—संक्षेप में, **सी.एफ.आर.आई.**) की स्थापना की गई। झरिया के राजा कालीप्रसाद सिंह ने संस्थान के लिए 170 एकड़ जमीन दान की। अप्रैल 1950 में डॉ. राजेंद्र प्रसाद ने संस्थान का विधिवत उद्घाटन किया। देश के सात क्षेत्रों में संस्थान की **कोयला सर्वेक्षण प्रयोगशालाएं** हैं।

सी.एफ.आर.आई. के पहले निदेशक थे—**डॉ. जे.डब्ल्यू. ह्विटेकर**। बाद में 1958 ई. में धनबाद में **केंद्रीय खनन अनुसंधान संस्थान** की स्थापना हुई, तो उसके संचालन की जिम्मेदारी भी ह्विटेकर को ही सौंपी गई। दोनों संस्थान एक-दूसरे के सहयोगी बनकर काम करते आ रहे हैं। सी.एफ.आर. आई. ने अपने पचास साल के कार्यकाल में कोयले को अधिक उपयोगी बनाने की दिशा में काफी महत्वपूर्ण कार्य किया है।

सभी जगहों से प्राप्त कोयला एक तरह का नहीं होता। इसके भौतिक और रासायनिक गुणों में काफी अंतर होता है। अलग-अलग कामों में अलग-अलग किस्म के कोयले की आवश्यकता होती है। इस्पात कारखानों की धमन भट्ठियों में उच्च कोटि के कोककारी कोयले का इस्तेमाल होता है, तो बिजलीघरों में अकोककारी कोयले का। देश में उच्च कोटि के कोककारी कोयले के भंडार कम हैं, इसलिए निम्न कोटि के कोयले की गुणवत्ता में थोड़ा सुधार करके उसे उपयोग में लाया जाता है।

कोयले के साथ कुछ राख व धूल भी मिली होती है। इनके कारण कोयले की जलने की शक्ति कुछ घट जाती है। यदि कोई मालगाड़ी 20 वैगनों में कोयला ढो रही है, तो उसमें एक वैगन के बराबर अनुपयोगी राख हो सकती है। पहले

**चित्र 13.2 :** कोयला वॉशरी पाइलट प्लांट

**चित्र 13.3 :** कोयला वॉशरी पाइलट प्लांट

समझा गया था कि भारतीय कोयले को 'वॉश करना' यानी धोना संभव नहीं है। मगर सी.एफ.आर.आई. के वैज्ञानिकों ने इस दिशा में अनुसंधान-कार्य करके सिद्ध कर दिया कि भारतीय कोयले को वॉश किया जा सकता है। संस्थान ने अपने यहां एक वॉशिंग पाइलट प्लांट स्थापित किया, जो आज भी काम कर रहा है। साथ ही, देश के विभिन्न कोयलांचलों में 'वॉशरियां' स्थापित करने की योजना बनाई। संस्थान आज भी इन वॉशरियों में पैदा होने वाली समस्याओं को सुलझाने में योग देता है।

सी.एफ.आर.आई. ने कोयले की किस्मों में समुचित मिश्रण करके उसे इस्पात कारखानों के लिए उपयोगी बनाने की दिशा में महत्वपूर्ण कार्य किया है। रानीगंज का कोयला लोहे व इस्पात के उत्पादन के लिए उपयुक्त नहीं था। इस कोयले में समुचित मिश्रण करके इससे धातु-निर्माण के लिए उपयोगी कोक बनाना संभव हुआ है। बंगाल के दुर्गापुर इस्पात कारखाने में अब रानीगंज के 75 प्रतिशत वाष्पशील कोयले में मिलावट करके तैयार किए गए कोक का इस्तेमाल होने लगा है।

भारत में कोककारी कोयले के भंडार सीमित हैं। लोहे से इस्पात के निर्माण के लिए इस कोककारी कोयले का हमें काफी सावधानी से इस्तेमाल करना होगा। भाप बनाने के लिए पहले कोयले का, अच्छे कोयले का भी काफी इस्तेमाल होता था। रेल-इंजन भी कोयले से चलते थे। सी.एफ.आर.आई. ने सुझाया कि रेलगाड़ियों

को बिजली और डीजल का उपयोग करना चाहिए। कारण यह है कि घटिया किस्म के कोयले से भी बिजली पैदा की जा सकती है। आज कोयले का उपयोग करने वाले रेल-इंजन बहुत कम देखने को मिलते हैं।

तमिलनाडु के दक्षिण आर्कट जिले में घटिया किस्म का **लिग्नाइट** कोयला काफी अधिक मात्रा में उपलब्ध है। सी.एफ.आर.आई. ने इस लिग्नाइट की छोटी ईंटें तैयार करके उनके कार्बनीकरण के तरीके खोज निकाले हैं। इससे दक्षिण भारत में लौह व इस्पात उद्योग के विकास का मार्ग प्रशस्त हो गया है।

जर्मनी में तेल के भंडार नहीं हैं। उसने दूसरा महायुद्ध कोयले के बल पर लड़ा। कैसे? जर्मनी के वैज्ञानिकों ने कोयले से पेट्रोलियम प्राप्त करने का तरीका खोज निकाला। कोयला काला व ठोस ईंधन होने के कारण इसके इस्तेमाल में कई तरह की दिक्कतें हैं। इससे प्राप्त किए गए गैस या तेल के इस्तेमाल में निश्चय ही कई सुविधाएं हैं। सी.एफ.आर.आई. के वैज्ञानिकों ने भी कोयले से गैस व तेल बनाने की दिशा में अनुसंधान कार्य किया है। एक विधि में अलकतरे (कोलतार) का हाइड्रोजनीकरण करके तेल प्राप्त किया जा सकता है। दूसरी विधि **फीसर-ट्रोप्स** संश्लेषण कहलाती है। इसमें घटिया किस्म के अकोककारी कोयले का उपयोग करके एक ऐसी गैस प्राप्त की जाती है जो कार्बन मोनोक्साइड व हाइड्रोजन का मिश्रण होती है। फिर इसी गैस से तेल ईंधन प्राप्त किया जाता है। भविष्य की दृष्टि से भारतीय कोयले को गैस व तेल में रूपांतरित करने का बड़ा महत्व है।

अलकतरे से बहुत सारे कृत्रिम रसायन तैयार किए जाते हैं। उदाहरणार्थ, इससे करीब 200 प्रकार की रंग-सामग्री तैयार की जा सकती है। सी.एफ.आर.आई. में अलकतरे के उपयोग पर काफी महत्वपूर्ण कार्य हुआ है। यहां **प्थालिक एनहाइड्राइड** नामक एक महत्वपूर्ण रसायन प्राप्त करने की नई विधि खोजी गई है। इस बुनियादी रसायन से प्लॉस्टिक, रंग, पेंट, रोगन, दवाइयां, खाद्य-संरक्षक पदार्थ और कीटनाशक तैयार किए जाते हैं।

सी.एफ.आर.आई. के वैज्ञानिकों ने कोयले तथा इससे निर्मित चीजों के कई उपयोग खोज निकाले हैं। उड़न राख (फ्लाई ऐश) से मकानों के ईंटों (ब्रिक्वेट्स) का निर्माण किया गया। देश की कई कोयला खानों में आग लगी हुई है। रोज लाखों टन कोयला बरबाद हो रहा है। उत्तम कोयले वाले झरिया क्षेत्र में भी पुरानी कई खानों में आग लगी हुई है। खानों में लगी इस आग को बुझाने के लिए सी. एफ.आर.आई. के वैज्ञानिकों ने एक ऐसी निष्क्रिय गैस की खोज की है जिससे कोककारी कोयले को जलने से बचाया जा सकता है। यहां के वैज्ञानिकों ने कोयले से एक ऐसी खाद्य-मिट्टी (ह्यूमस) भी तैयार की है जिसका खेतों में उपयोग करके

**चित्र 13.4 :** अकोककारी कोयले से निर्मित छोटी ईंट

पैदावार बढ़ाई जा सकती है।

सी.एफ.आइ.आई. के वैज्ञानिकों ने कोयले की संरचना के बारे में काफी मौलिक अनुसंधान किया है। इस अनुसंधान को वैज्ञानिक जगत में बहुत सम्मान मिला है और इसे 'भारतीय विचारधारा' के रूप में मान्यता प्राप्त हुई है।

अब धरती के भीतर नया कोयला नहीं बन रहा है। दुनिया भर में कोयले के भंडार रीत रहे हैं। इसलिए उपलब्ध कोयले का हमें बहुत ही सावधानी से इस्तेमाल करना होगा।

अध्याय-14

# क्षेत्रीय अनुसंधान प्रयोगशाला

(भुवनेश्वर)

विज्ञान के साथ-साथ प्राचीन इतिहास और पुरातत्व में भी मेरी गहरी दिलचस्पी है। जब किसी ऐतिहासिक स्थान की यात्रा पर जाता हूं, तो वहां के और आसपास के प्राचीन स्मारकों को भी देख आता हूं। उड़ीसा की राजधानी भुवनेश्वर को मंदिरों का नगर माना जाता है। कोणार्क का प्रख्यात सूर्य मंदिर वहां से 66 किलोमीटर दूर है। भुवनेश्वर के करीब 45 किलोमीटर दक्षिण में समुद्र तट पर जगन्नाथ पुरी का प्रसिद्ध तीर्थस्थल है। उड़ीसा के इन ऐतिहासिक स्थलों को पहली बार देखने का मौका मुझे अभी दो महीने पहले मिला।

भुवनेश्वर में **सी.एस.आई.आर. की क्षेत्रीय अनुसंधान प्रयोगशाला** (रीजनल रिसर्च लेबोरेटरी–**आर.आर.एल.**) है। भुवनेश्वर को उड़ीसा की नई राजधानी बनाए जाने के बाद 1964 में यहां आर.आर.एल. की स्थापना हुई। भुवनेश्वर के पहले उड़ीसा की राजधानी कटक थी। मगर भुवनेश्वर कटक से भी काफी पुराना नगर है। भुवनेश्वर से 8 किलोमीटर दक्षिण में धौली नामक स्थान की एक चट्टान पर मौर्य सम्राट अशोक (लगभग 260 ई. पू.) के शिलालेख खुदे हुए हैं। अशोक ने ये लेख कलिंग (उड़ीसा) पर विजय प्राप्त करने के बाद खुदवाए थे। इन लेखों में तोसली नामक नगर का उल्लेख है जो भुवनेश्वर के पास ही रहा होगा।

भुवनेश्वर से करीब ढाई किलोमीटर दक्षिण-पूर्व में **शिशुपालगढ़** नामक एक स्थल है। यहां की गई खुदाई में एक पुराने नगर के अवशेष मिले हैं। कई इतिहासकारों का मत है कि अशोक के शिलालेखों का तोसली नगर इसी स्थान पर रहा होगा। अन्य कई इतिहासकारों की यह भी मान्यता है कि शिशुपालगढ़ ही प्राचीन **कलिंगनगर** है। ईसा पूर्व दूसरी-पहली सदी में कलिंगनगर चेदि राजाओं की राजधानी रहा। इस राजवंश में खारवेल (ईसा पूर्व पहली सदी) एक शक्तिशाली शासक हुआ है। वह जैन धर्म का अनुयायी था। भुवनेश्वर के पास की खंडगिरी-उदयगिरि पहाड़ियों पर जैन मुनियों के लिए बनाई गई कई प्राचीन गुफाएं हैं। उनमें से उदयगिरि पहाड़ी की एक गुफा (हाथी-गुफा) के ऊपर राजा खारवेल का एक

विस्तृत लेख खुदा हुआ है। दो हजार साल पहले का वह लेख कलिंग के गौरवशाली अतीत की गवाही देता है।

उड़ीसा में बौद्ध धर्म का भी लंबे समय तक काफी प्रचार-प्रसार रहा। मगर ईसा की सातवीं सदी में यहां शैव संप्रदाय का प्रचार शुरू होने पर शिव मंदिर बनने लगे। उड़ीसा (कलिंग) के इन मंदिरों की अपनी विशिष्ट रचना-पद्धति है। इसे **कलिंग शैली** का मंदिर स्थापत्य कहते हैं। ये मंदिर ईसा की सातवीं सदी से तेरहवीं सदी तक कलिंग के शैलोद्भव, भौमकर, सोमवंशी और गंग शासकों द्वारा बनवाए गए हैं। कोणार्क का प्रख्यात सूर्य-मंदिर ईसा की 13वीं सदी में गंग शासक नरसिंहदेव ने बनवाया। पुरी का जगन्नाथ मंदिर भी लगभग उसी समय बना। मगर सबसे ज्यादा मंदिर भुवनेश्वर में बने। यहां आज भी दर्जनों मंदिर मौजूद हैं। इनमें परशुरामेश्वर, विताल देउल, मुक्तेश्वर और लिंगराज मंदिर अपनी भव्यता और रचना-शैली के कारण ज्यादा प्रसिद्ध हैं। भुवनेश्वर को आज भी 'मंदिरों का नगर' कहा जाता है।

उड़ीसा वनस्पति और खनिज के मामले में काफी संपन्न प्रदेश है। इसी संपदा का समुचित उपयोग करने के प्रयोजन से **आर.आर.एल.-भुवनेश्वर** की स्थापना की गई थी। इस प्रयोगशाला के वैज्ञानिकों ने उड़ीसा की वनस्पति का व्यापक सर्वेक्षण करके दो खंडों में उनका विवरण प्रकाशित किया है। यहां सगंध और औषधीय पौधों के बारे में काफी खोजबीन हुई है। सगंध पौधों से भाप या आसवन की विधि से

**चित्र 14.1 :** क्षेत्रीय अनुसंधान प्रयोगशाला, भुवनेश्वर

जो गंधयुक्त तेल प्राप्त किया जाता है उसका कई उद्योगों में उपयोग होता है।

**नीबू घास** को लीजिए। इस घास की पत्तियों से प्राप्त होने वाले तेल का प्रसाधन, साबुन, इत्र आदि उद्योगों में इस्तेमाल होता है। इस तेल में मिलने वाले सिट्राल नामक पदार्थ से विटामिन 'ए' तैयार किया जाता है, इसलिए इस तेल की बड़ी मांग है। भारत से चंदन तेल के बाद नीबू घास के तेल का ही सबसे अधिक निर्यात होता है।

भारत में बड़ी तादाद में उपजने वाली एक और सगंध घास है–**पामरोजा**। भारत से निर्यात किए जाने वाले सगंध तेलों में पामरोजा तेल का नंबर तीसरा है। पामरोजा घास से यह तेल आसवन द्वारा प्राप्त किया जाता है। इसका उपयोग इत्र बनाने, विशेषकर तंबाकू को सुगंधित करने और साबुन उद्योग में होता है। इसी तरह, **जावा सिट्रोनेला** नामक पौधे से आसवन द्वारा जो तेल प्राप्त किया जाता है, उससे कई गंधयुक्त रसायन उपलब्ध होते हैं।

तटीय क्षेत्रों में केवड़े की खूब पैदावार होती है। इसके नर पुष्प से आसवन के जरिए रूह केवड़ा, केवड़े का इत्र और केवड़ा जल प्राप्त किया जाता है। केवड़े का तेल बहुत कीमती होता है। केवड़े के इत्र व जल का उपयोग मिठाइयों, शरबतों और अन्य पेय पदार्थों को सुवासित करने के लिए किया जाता है। उड़ीसा के गंजम जिले में केवड़े का व्यावसायिक उत्पादन काफी अधिक होता है। आसवन के जिस परंपरागत तरीके से केवड़े का तेल प्राप्त किया जाता है उसमें सुधार के लिए आर. आर.एल.–भुवनेश्वर के वैज्ञानिकों ने कई उपाए सुझाए हैं।

आर.आर.एल.–भुवनेश्वर में सगंध और औषधीय पौधों के अध्ययन-अन्वेषण के लिए एक स्वतंत्र विभाग है। यहां इन पौधों की फसल, इनके संरक्षण और इनसे प्राप्त होने वाले रसायनों व तेलों के बारे में काफी महत्वपूर्ण शोधकार्य हुआ है। यहां दालचीनी और रीठे जैसे आर्थिक दृष्टि से महत्वपूर्ण पेड़ों पर भी खोजबीन हुई है। प्रयोगशाला में एक वनस्पति संग्रहालय भी है।

भुवनेश्वर की प्रयोगशाला ने ग्रामीण टेक्नालॉजी के विकास व सुधार की दिशा में काफी महत्वपूर्ण कार्य किया है। उड़ीसा में करीब 30,000 ऐसे धातुकर्मकार (कंसेरे) हैं जो काठ-कोयले का इस्तेमाल करके कांसे व पीतल के बर्तन और नाना प्रकार की कलात्मक वस्तुएं तैयार करते आ रहे हैं। धातु की एक किलो वस्तुएं तैयार करने के लिए दो किलो काठ-कोयले की खपत होती है। भुवनेश्वर की प्रयोगशाला ने ऐसी बेहतर भट्टियों का विकास किया है जिनमें पत्थर के कोयले का उपयोग किया जा सकता है। इससे ईंधन का खर्च घटेगा और प्रदूषण भी कम होगा।

**चित्र 14.2 :** पुरी के जगन्नाथ मंदिर में मिट्टी के बर्तनों को पकाने की क्वीन (रानी) भट्टी

इस प्रयोगशाला ने मिट्टी के बर्तन, हस्तशिल्प टाइलों आदि को पकाने के लिए नए किस्म की एक ऐसी भट्टी का निर्माण किया है जिसमें पत्थर के कोयले का उपयोग होता है। ईंटों से बनी इस भट्टी में दो-तीन घंटों में ही 1000 डिग्री सेल्सियस तक तापमान बन जाता है। इस भट्टी में बर्तन पकाने के लिए कम समय लगता है और ईंधन खर्च में भी काफी बचत होती है। पुरी के जगन्नाथ मंदिर में बनने वाले 'प्रसाद' के लिए साल भर में मिट्टी के करीब एक करोड़ बर्तनों का उपयोग होता है। इन बर्तनों को पकाने के लिए यह नई भट्टी, जिसे पता नहीं क्यों अंग्रेजी का **क्वीन** (रानी) नाम दिया गया है, बड़ी उपयोगी सिद्ध हो सकती है।

**चित्र 14.3 :** 'हर्ष'-बहुईंधनी

खाना पकाने के लिए गांव के बहुत से लोग आज भी परंपरागत चूल्हों का इस्तेमाल करते हैं। इनमें लकड़ी, टहनियां और उपले-जैसे ईंधन की खपत ज्यादा होती है और धुआं भी बहुत निकलता है जो स्वास्थ्य के लिए हानिकारक है। भुवनेश्वर की प्रयोगशाला ने कम लागत और अधिक ऊर्जा देने वाले ऐसे कई चूल्हों का

विकास किया है जो लगभग धुंआ-रहित हैं और जिनमें कई प्रकार के ईंधन जलाए जा सकते हैं। **हर्ष, ज्योत्सना** आदि इन चूल्हों के नाम हैं। ग्रामीण क्षेत्रों में इन नए चूल्हों को तेजी से अपनाया जा रहा है।

**चित्र 14.4 :** परंपरागत चूल्हा

इसमें समय ज्यादा लगता है और इसमें **लाल कीचड़** नामक अपशिष्ट पैदा होता है। बॉक्साइट से एलुमिना प्राप्त करते समय इसमें अति प्रदूषणकारी कीचड़ पैदा होता है। इस 'रेड मड' के समुचित उपयोग के तरीके हमें खोजने ही हैं। 'रेड मड' से सीमेंट, ईंटें, टाइलें आदि बनाने के प्रयोग हुए हैं। भुवनेश्वर की प्रयोगशाला में एलुमिना उद्योग में पैदा होने वाले अपशिष्ट के उपयोग के बारे में काफी खोजकार्य हुआ है, यहां के वैज्ञानिकों ने इस विषय पर एक पुस्तक भी प्रकाशित की है।

जब मैं एक सप्ताह के लिए आर.आर.एल.–भुवनेश्वर में था, तो उन्हीं दिनों सी.एस.आई.आर. के भूतपूर्व महानिदेशक डॉ ए.पी. मित्रा का भी वहां आगमन हुआ। डॉ. मित्रा आजकल वायुमंडल में पहुंचने वाले मीथेन के अध्ययन में जुटे हुए हैं। मानव समाज की नई गतिविधियों के कारण वायुमंडल में कार्बन डाइआक्साइड, मीथेन, सीएफसी आदि गैसों की मात्रा निरंतर बढ़ती जा रही है। जलीय भूमि से और धान के खेतों से मीथेन गैस निकलती है और ऊपरी वायुमंडल में पहुंचती है। वायुमंडल में मीथेन की मात्रा तेजी से बढ़ती जा रही है। यह गैस ओजोन के रक्षा-कवच को भारी क्षति पहुंचा सकती है। जो गैसें धरती को शनैः-शनैः अधिक गरम बनाने जा रही हैं उनमें आज कार्बन डाइआक्साइड के बाद मीथेन का दूसरा नंबर है। मगर वैज्ञानिकों का मत है कि जल्दी ही मीथेन पृथ्वी को अधिक गरमी की ओर ढकेलने वाली पहले नंबर की गैस बन जाएगी। डॉ. मित्रा और आर.आर.एल. -भुवनेश्वर के वैज्ञानिक पिछले कुछ वर्षों से उड़ीसा की प्रसिद्ध चिल्का झील से और भुवनेश्वर के आसपास के धान के खेतों से उठने वाली मीथेन गैस के अध्ययन-अन्वेषण में लगे हुए हैं।

उड़ीसा आज अपेक्षाकृत एक गरीब प्रदेश है। मगर यहां के भव्य मंदिर गवाही देते हैं कि इस प्रदेश का अतीत बहुत संपन्न और गौरवशाली रहा है। आशा रखनी चाहिए कि आर.आर.एल.-भुवनेश्वर जैसे आधुनिक विज्ञान मंदिर इस प्रदेश की सुख-समृद्धि का मार्ग प्रशस्त करने में भरपूर योग देंगे।

अध्याय-15

# कोशिकीय एवं आणविक जीव-विज्ञान केंद्र

(हैदराबाद)

किस्सा काफी पुराना है। एक बच्चा था और दो औरतें थीं। एक औरत कह रही थी–बच्चा मेरा है। दूसरी भी कह रही थी कि बच्चा उसका है। मामला राजा के पास पहुंचा। कुछ देर सोचकर राजा ने फैसला सुनाया–"बच्चे को दो हिस्सों में काटकर एक-एक हिस्सा इन दो औरतों को दे दिया जाए।"

फैसला सुनकर एक औरत तो चुप रही, मगर दूसरी ने हाथ जोड़कर राजा से निवेदन किया–"महाराज बच्चे को मत कटवाइए; मुझे बच्चा नहीं चाहिए।"

राजा ने दुबारा फैसला सुनाया–"कोई भी मां नहीं चाहेगी कि उसका बच्चा मर जाए। इसलिए बच्चा इसी औरत का है। बच्चा इसी को सौंप दिया जाए।"

राजा ने एक मां की मनोभावना को समझकर अपना फैसला सुनाया था। अब न राजा रहे, न पुराने जमाने की न्याय-व्यवस्था। बच्चे की असली मां कौन है? असली पिता कौन है? ऐसे मामले आज भी बड़ी संख्या में अदालतों में पहुंचते हैं, मगर उनके बारे में जो फैसले सुनाए जाते हैं वे वैज्ञानिक परीक्षणों पर आधारित होते हैं, अचूक होते हैं।

जून 1988 की बात है। चेन्नई (मद्रास) के निवासी आदिवीरराम पांडियान व कन्नियामल की 4 साल की बेटी लक्ष्मी खो गई। इस घटना के करीब दस महीने बाद उन्होंने चेन्नई के पास के पल्लवरम् स्थान पर देखा कि उनकी लक्ष्मी जैसी ही एक लड़की नटों के एक परिवार के साथ बैठी हुई है। कन्नियामल 'लक्ष्मी-लक्ष्मी' पुकारते हुए उसकी ओर दौड़ी। मगर नट-दम्पति पेरुमल व कलियामल ने लड़की को अपनी गिरफ्त में लिया और झगड़ने लगे कि, "यह तो हमारी लड़की है। इसका नाम लक्ष्मी नहीं, मेरी है।"

मामला थाने व कचहरी होते हुए अंत में मद्रास हाइकोर्ट पहुंचा। पांच साल की लक्ष्मी (मेरी) को एक बाल गृह में रख दिया गया। तय करना था–लक्ष्मी (मेरी) वस्तुतः किसकी बेटी है?

हाईकोर्ट ने इस सवाल को सुलझाने का काम मद्रास राजकीय अपराध विज्ञान

प्रयोगशाला के निदेशक डॉ. चंद्रशेखरन को सौंपा। प्रयोगशाला में लक्ष्मी के विवादास्पद माता-पिता और भाई के रक्त के नमूने लेकर जांच शुरू हो गई। निश्चित हुआ कि मेरी (न कि लक्ष्मी) नट-दम्पति पेरुमल व कलियामल की संतान है।

संतान संबंधी ऐसे विवादों को सुलझाने के लिए तीन साल पहले इंग्लैंड में डी.एन.ए. फिंगर प्रिंटिंग नामक एक नये वैज्ञानिक तरीके की खोज हुई थी। उस तरीके से जांच करवाने के लिए खून के नमूने इंग्लैंड भेजने का निश्चय हुआ। तब हैदराबाद के कोशिकीय एवं आणविक जीव-विज्ञान केंद्र (सी.सी.एम.बी.) के तत्कालीन निदेशक डॉ. पुष्प मित्र भार्गव ने डॉ. चंद्रशेखरन को लिखा कि डी.एन.ए. फिंगर प्रिंटिंग से जांच करवाने के लिए विदेशी मदद की जरूरत नहीं है। यह तकनीक हमने अपनी प्रयोगशाला में विकसित कर ली है।

खून के नमूने हैदराबाद भेजे गए। सी.सी.एम.बी. में की गई डी.एन.ए. फिंगर प्रिंटिंग जांच से स्पष्ट हुआ कि वह बच्ची मेरी ही है, लक्ष्मी नहीं। मद्रास हाईकोर्ट के फैसले की पुष्टि हो गई।

फिर जल्दी ही एक ऐसा मामला सामने आया जिसमें प्रमुखतः डी.एन.ए. फिंगर प्रिंटिंग जांच के आधार पर फैसला सुनाया गया। केरल की विलासिनी नामक तरुणी का कहना था कि उसके बेटे मनोज का असली पिता कुन्हिरामन ही है। मगर कुन्हिरामन इस बात से इन्कार कर रहा था। मामला अदालत में पहुंचा और लंबे

**चित्र 15.1 :** कोशिकीय एवं आणविक जीव-विज्ञान केंद्र (सी.सी.एम.बी.), हैदराबाद

**चित्र 15.2 :** भारत में डी.एन.ए. फिंगर प्रिंटिंग तकनीक विकसित करने वाले डॉ. लालजी सिंह

समय तक चला। अंत में जज ने डी.एन.ए. फिंगर प्रिंटिंग परीक्षण का आदेश दिया। हैदराबाद स्थित सी.सी.एम.बी. प्रयोगशाला में खून के नमूनों के परीक्षण हुए। रिपोर्ट अदालत को भेज दी गई।

कुन्हिरामन ने रिपोर्ट को सत्य नहीं माना। तब जज ने सी.सी.एम.बी. के संबंधित वैज्ञानिक को अदालत में गवाह के रूप में हाजिर होकर डी.एन.ए. फिंगर प्रिंटिंग की तकनीक स्पष्ट करने का आदेश दिया। दिसम्बर 1989 में एक दिन डॉ. लालजी सिंह तेल्लीचेरि (केरल) की अदालत में उपस्थित हुए। भारत में डी.एन.ए. फिंगर प्रिंटिंग तकनीक का उपयोग करने वाले डॉ. लालजी सिंह के लिए अदालत में गवाह के रूप में हाजिर होने का यह पहला अवसर था। उन्होंने अदालत को इस नई तकनीक की विस्तृत जानकारी दी और बताया कि इसके प्रयोग से व्यक्ति-विशेष की पहचान में गलती की संभावना 30 अरब में केवल एक हो सकती है, जबकि इस समय दुनिया की आबादी 5 अरब ही है। इसलिए दुनिया में किन्हीं भी दो व्यक्तियों का (हमशक्ल जुड़वां बच्चों को छोड़कर) डी.एन.ए. फिंगर प्रिंटिंग एक-सा नहीं हो सकता।

तेल्लीचेरि अदालत के जज ने विलासिनी के पक्ष में फैसला सुनाया। भारत

में डी.एन.ए. फिंगर प्रिंटिंग को पहली बार वैधानिक मान्यता मिली। हां, हमारे देश में इस नई तकनीक को अभी साक्ष्य कानून में शामिल नहीं किया गया है, मगर सात-आठ साल में इस तकनीक के जरिए अपराध और पैतृकता से संबंधित 300 सौ से भी अधिक पेचीदा मामले सुलझाए गए हैं।

मगर यह डी.एन.ए. फिंगर प्रिंटिंग तकनीक क्या है? फिंगर प्रिंटिंग का मतलब है अंगुली की छाप। अंगुलियों की छाप के आधार पर हर व्यक्ति को अलग-अलग पहचाना जा सकता है। पहचान के लिए अंगुली-छाप का उपयोग पिछले करीब सौ साल से होता आ रहा है। अब पहचान के लिए जो नई तकनीक खोजी गई है उसे भले ही 'डी.एन.ए. फिंगर प्रिंटिंग' का नाम मिला हो, मगर सही नाम होगा डी.एन.ए. छाप।

सभी जीवधारियों का निर्माण कोशिका नामक सूक्ष्म इकाइयों से हुआ है। कोशिका का सुचारु संचालन इसके केंद्रक में मौजूद एक विशिष्ट द्रव्य से होता है। यह द्रव्य है—डी.एन.ए. (डीआक्सीराइबोस न्यूक्लिइक एसिड), जिसका अणु एक लंबी घुमावदार सीढ़ी के आकार का होता है। डी.एन.ए. को हम 'जीवनसूत्र' भी कह सकते हैं। इसी जीवनसूत्र के जरिए प्रत्येक जीवधारी के वंशानुक्रम, आकार-प्रकार, रूप-रंग, गुण-दोष आदि का निर्धारण होता है।

जीवनसूत्र यानी डी.एन.ए. का करीब 40 प्रतिशत भाग ही शरीर के सभी कार्यों

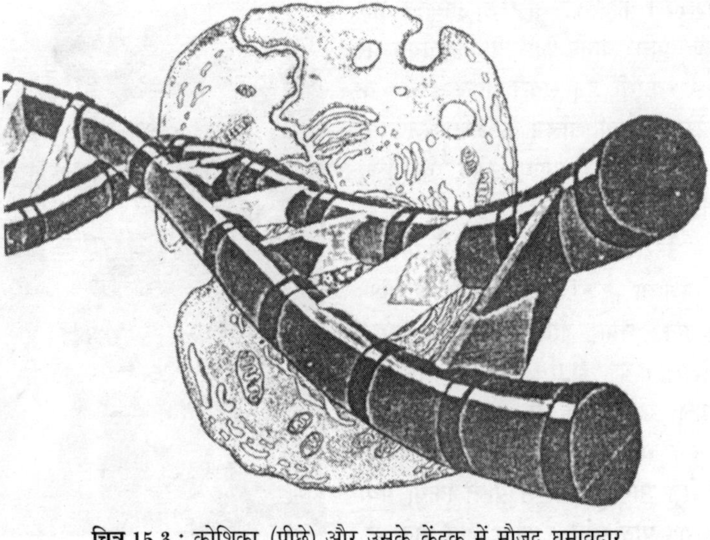

**चित्र 15.3 :** कोशिका (पीछे) और उसके केंद्रक में मौजूद घुमावदार सीढ़ी-जैसा डी.एन.ए. हेलिक्स (सामने)

को सुचारु रूप से सम्पन्न करवाने में सक्षम होता है और यह सभी मनुष्यों में एक जैसा होता है। शेष 60 प्रतिशत डी.एन.ए., जिराके कार्य के बारे में हमें ठीक से जानकारी नहीं है, प्रत्येक व्यक्ति में अलग-अलग स्वरूप का होता है। छोटे-छोटे खंडों वाला यह 'बेकार' डी.एन.ए. किन्हीं भी दो व्यक्तियों में केवल हमशक्ल जुड़वां बच्चों को छोड़कर, समान नहीं हो सकता। इसलिए इन डी.एन.ए. खंडों को एक खास तरीके से अलग करके उनकी 'छाप' प्राप्त की जाए, तो वह उसी तरह विशिष्ट होती है जिस तरह मनुष्य के अंगूठे की छाप।

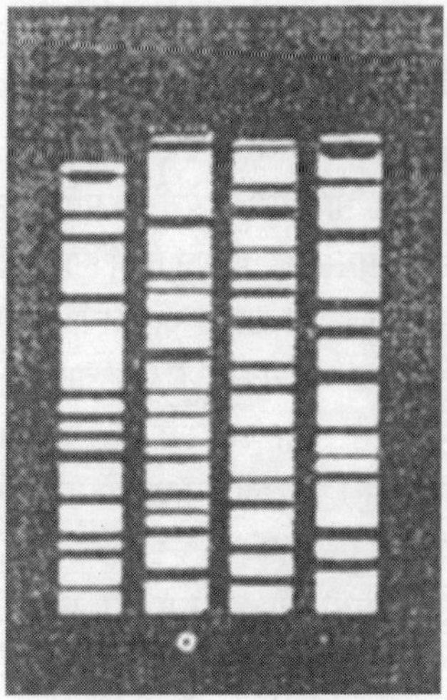

**चित्र 15.4 :** चार व्यक्तियों की डी.एन.एन. छापों के पट्टे

शरीर के हर अंग की कोशिकाओं का डी.एन.ए. एक-सा होता है। इसलिए रक्त की बूंद, केश की जड़, शव का कोई छोटा-सा टुकड़ा, त्वचा, दांत आदि जैसी चीज का डी.एन.ए. निकालकर और उसका विश्लेषण करके किसी भी व्यक्ति की सुस्पष्ट पहचान की जा सकती है। इस विश्लेषण की सफलता एक उपयुक्त और सही 'प्रोब' यानी 'शोधनी' के चयन पर निर्भर करती है। सबसे पहले इंग्लैंड के लैसेस्टर विश्वविद्यालय के अलेक जेफरीस ने 1985 में डी.एन.ए. छाप के लिए विशिष्ट प्रोब खोजे थे।

**चित्र 15.5 :** डॉ. लालजी सिंह सांप के साथ

हैदराबाद स्थित सी.सी.एम.बी. प्रयोगशाला के डॉ. लालजी सिंह ने 1988 में एक नया और बेहतर प्रोब खोज निकाला। यह डी.एन.ए. प्रोब अधिकतर बंगाल व उड़ीसा में पाए जाने वाले शंखिनी या घोड़-करैत (बैंडेड क्रैट) नामक जहरीले सांप (मादा) से प्राप्त किया गया है। यह प्रोब परीक्षण किए जाने वाले डी.एन.ए. के 'बेकार' खंडों से जाकर जुड़ता

**चित्र 15.6 :** डी.एन.ए. फिंगर प्रिंट का रेखाचित्र

है, उन्हें अलग करता है। इन्हीं पृथक खंडों की एक्सरे छाप (पट्टे) व्यक्ति-विशेष की विशिष्ट पहचान बन जाती है। इस छाप की करीबी रिश्तेदारों (जैसे, माता-पिता) की डी.एन.ए. छापों से तुलना की जा सकती है।

डी.एन.ए. फिंगर प्रिंटिंग एक नई और शक्तिशाली तकनीक है। इसके अनेक उपयोग हैं। इससे हत्या, बलात्कार जैसे संगीन अपराध करने वालों की पहचान हो सकती है। चूंकि प्रत्येक व्यक्ति में माता एवं पिता, दोनों के डी.एन.ए. मौजूद होते हैं, इसलिए इस छाप के आधार पर संतान की पहचान हो सकती है, अस्पतालों में होने वाले शिशुओं के फेर-बदल के मामले सुलझाए जा सकते हैं, क्षत-विक्षत मृत शरीर की पहचान हो सकती है।

इस तकनीक के जरिए गर्भधारण के पहले या गर्भ की आरंभिक अवस्था में ही आनुवंशिक रोगों को पहचाना जा सकता है। इस तकनीक से पशुओं का वंशावली-विश्लेषण करके उनमें वांछित गुणों का चयन किया जा सकता है। डी.एन.ए. फिंगर प्रिंटिंग से बीजों की उत्तम जातियों को परखा जा सकता है, एक ही प्रकार (नर या मादा) के पौधों का चयन किया जा सकता है।

संक्षेप में, डी.एन.ए. फिंगर प्रिंटिंग एक नई क्रांतिकारी तकनीक है। ब्रिटेन और अमरीका के बाद भारत दुनिया का तीसरा देश है जहां इस तकनीक का विकास किया गया है, इसे उपयोग में लाया जा रहा है। जैसा कि पहले बताया गया है, इस तकनीक का विकास हैदराबाद की सी.सी.एम.बी. प्रयोगशाला के वैज्ञानिक डॉ. लालजी सिंह और उनके दल ने किया है। अब हैदराबाद में ही डी.एन.ए. फिंगर प्रिंटिंग परीक्षण के लिए एक स्वतंत्र संस्थान की स्थापना की गई है।

आधुनिक काल में जीव-विज्ञान ने बड़ी तेजी से उन्नति की है, विशेषकर

कोशिका और अणु-जैसी जीव की लघु इकाइयों के स्तर पर। जीव-विज्ञान के इस क्षेत्र में भारत पीछे न रहे, इस उद्देश्य से 1977 ई. में हैदराबाद में सी.सी.एम.बी. (सेंटर फार सेल्लुर एंड मोलेक्यूलर बॉयोलाजी यानी कोशिकीय एवं आणविक जीव-विज्ञान केंद्र) की स्थापना की गई। दस साल बाद, 1987 ई. में, यह प्रयोगशाला 15 एकड़ में विस्तृत अपने नए भव्य परिसर में स्थानांतरित हुई। यह सी.एस.आई.आर. की एक सर्वोत्तम प्रयोगशाला मानी जाती है। यहां अनुसंधान के लिए महत्वपूर्ण आधुनिक साधन जुटाए गए हैं।

सभी जीवों के क्रियाकलाप उनकी कोशिकाओं के केंद्रक में मौजूद डी.एन.ए. अणुओं और उनसे निर्मित जीनों के जरिए संचालित होते हैं। सी.सी.एम.बी. में प्रमुखतः कोशिकाओं, डी.एन.ए. अणुओं और जीनों पर ही शोधकार्य हो रहा है। यहां विकसित की गई डी.एन.ए. फिंगर प्रिंटिंग तकनीक के बारे में हम पहले बता ही चुके हैं। इस तकनीक की खोज करने के कारण इस प्रयोगशाला को बड़ी प्रसिद्धि मिली है।

सी.सी.एम.बी. में जीव-विज्ञान के क्षेत्र में और भी काफी महत्वपूर्ण खोजकार्य हुआ है। यहां कैंसर कोशिकाओं के बारे में अन्वेषण हो रहा है और इन कोशिकाओं को नष्ट करने के उपाय खोजे जा रहे हैं। यहां लिंग निर्धारित करने वाले बुनियादी कारकों के बारे में भी खोजबीन हो रही है। यहां के वैज्ञानिकों ने अंटार्कटिका में स्थापित भारतीय केंद्र से प्राप्त किए गए जीवाणुओं और खमीरों का व्यापक अध्ययन किया है। यहां के वैज्ञानिकों ने पता लगाया है कि घरेलू ईंधन और सिगरेट का धुआं मोतियाबिंद को तेजी से उभारता है।

सी.सी.एम.बी. में चुनी हुई मछलियों के प्रभेद पर शोधकार्य हुआ है और यहां मछलियों के लिए एक बेहतर किस्म का चारा भी तैयार किया गया है। यहां एक जंतुघर है जहां प्रयोगों के लिए खरगोश, चूहे आदि प्राणियों को बड़ी हिफाजत से रखा जाता है। यहां एक पौधाघर भी है। इस प्रयोगशला में हो रहे अनुसंधान में प्रायः रेडियोधर्मी तत्वों की जरूरत पड़ती है। अतः यहां एक ऐसी प्रयोगशला बनाई गई जहां आवश्यक रेडियोधर्मी तत्व तैयार किए जाते हैं। इस प्रयोगशाला का सार्थक नाम है–जोनाकी (जुगनू)!

दरअसल, सी.सी.एम.बी. की हर चीज अनुपम है–प्रयोगशाला का चार मंजिला पूर्णतः वातानुकूलित भव्य भवन, इसका हरा-भरा परिसर और यहां हो रहा अनुसंधान-कार्य।

अध्याय-16

# भू-भौतिकीय अनुसंधान संस्थान

(हैदराबाद)

करीब 2500 साल पहले यूनान में थेल नाम के एक वैज्ञानिक हुए। उनके बारे में एक किस्सा है : रात का समय था। थेल आकाश के तारों को देखते हुए कहीं जा रहे थे। जब आकाश की ओर देख रहे थे, तो धरती पर क्या है, यह कैसे दिखाई देता? गिर पड़े एक गहरे गड्ढे में! पास ही एक बालिका खड़ी थी। उसे हंसी आ गई। थेल को जब गड्ढे से बाहर निकाला गया, तो उन्होंने उस बालिका से पूछा, "तुम हंसी क्यों थी?"

बालिका ने भी स्पष्ट उत्तर दिया : "मुझे यह देखकर हंसी आई कि आपको पैरों के नीचे की जमीन तो दिखाई नहीं देती, इतने दूर के आकश में क्या दिखाई देता होगा!"

सचमुच, जिस धरती पर हमारा निवास है उसकी भीतरी परिस्थितियों के बारे में हमारी जानकारी काफी अधूरी है। करीब 15 करोड़ किलोमीटर दूर के सूरज के बारे में हमने काफी ठोस जानकारी हासिल कर ली है। बहुत दूर के तारों और हमसे दूर भाग रही मंदाकिनियों के बारे में भी हमने बहुत-सी बातें जान ली हैं। इनकी तुलना में हमारी अपनी धरती की बनावट, इसमें होने वाले परिवर्तनों, इसके भीतर की हलचलों आदि के बारे में हमें अभी तक प्रामाणिक जानकारी नहीं मिल पाई है।

भूकंपों को ही लीजिए। पुरातन काल से ही भूकंप मानव जाति के लिए अभिशाप रहे हैं। भूकंपों से प्रतिवर्ष लगभग 10,000 लोगों की मृत्यु होती है और करोड़ों रुपयों की सम्पत्ति नष्ट हो जाती है। सन् 1976 में चीन के तंगशान प्रांत में आए एक विनाशकारी भूकंप में ढाई लाख से अधिक लोग मारे गए। अप्रैल 1905 में भारत के कांगड़ा क्षेत्र में आए एक जबरदस्त भूकंप में करीब 20,000 लोगों की जानें गईं।

पुराने जमाने में भारत में लोगों का यह विश्वास रहा है कि पृथ्वी शेषनाग के फन पर टिकी हुई है और उसी के हिलने से भूकंप आते हैं। पिछले करीब दो सौ वर्षों से भूकंपों का व्यापक वैज्ञानिक अध्ययन हो रहा है, इनका लेखा-जोखा

रखा जा रहा है, इनकी तरंगों को मापने के लिए नए-नए यंत्र बनाए गए हैं, पृथ्वी की भीतरी बनावट के बारे में बहुत-सी नई बातों की जानकारी मिली है, फिर भी यकीन के साथ भविष्यवाणी नहीं की जा सकती कि किस स्थान पर कब भूकंप आएगा।

भूगर्भ-विज्ञानी पहले सोचते थे कि भारत में बड़े भूकंप हिमालय क्षेत्र में और उससे सटे गंगा-यमुना व ब्रह्मपुत्र के उत्तरी मैदान में ही आ सकते हैं; दक्षिण का पठार भूगर्भीय दृष्टि से संतुलित है, इसलिए इस क्षेत्र में बहुत कम तीव्रता वाले भूकंप ही कभी-कभी आ सकते हैं। मगर सन् 1967 में कोयना (पुणे से 150 कि.मी. दक्षिण) में आए एक बड़े भूकंप से यह मान्यता गलत साबित हो गई। इस भूकंप में 200 लोगों की जानें गईं और कोयना नगर नष्ट हो गया। बाद के अध्ययनों से पता चला कि कोयना बांध की झील में भरे पानी के कारण यह भूकंप आया है। कोयना क्षेत्र में छोटे-छोटे भूकंप अब भी आते रहते हैं। कोयना में 1967 ई. में बड़ा भूकंप आने पर भी भूविज्ञानी मानते रहे कि दक्षिण के ठोस पठार में बड़े भूकंप नहीं आ सकते। मगर यह विश्वास भी गलत साबित हो गया।

30 सितंबर, 1993 का दिन। सुबह करीब 4 बजे का समय। स्थान : हैदराबाद स्थित **राष्ट्रीय भूभौतिकीय अनुसंधान संस्थान**। संस्थान के निदेशक डॉ. हर्ष गुप्ता ने जब भूकंप के झटके महसूस किए, तो वे केम्पस में ही स्थित वेधशाला पहंचे। आरंभ में उन्हें लगा कि कोयना में पुनः एक बहुत बड़ा भूकंप आया है। मगर वेधशाला में प्राप्त आंकड़ों से और दूसरी सूचनाओं से थोड़ी देर बाद ही स्पष्ट हो गया कि भूकंप महाराष्ट्र के लातूर जिले के किल्लारी गांव और

**चित्र 16.1 :** हैदराबाद के राष्ट्रीय भू-भौतिकीय अनुसंधान संस्थान (एन.जी.आर.आई.) का मुख्य भवन

उसके आसपास के इलाके में आया है। डॉ. गुप्ता ने भूकंपविदों का एक दल लातूर की ओर रवाना कर दिया।

लातूर भूकंप में लगभग 11,000 लोगों की जानें गईं, करीब 19,000 मकान पूरी तरह नष्ट हो गए और करीब 20,000 घरों को भारी नुकसान पहुंचा। यह भूकंप रिक्टर परिमाण 6.4 का था। रिक्टर परिमाण 6 से अधिक के भूकंप बहुत विनाशकारी होते हैं। भूविज्ञानियों की मान्यता रही है कि दक्षिण पठार जैसे स्थिर महाद्वीपीय क्षेत्र में विनाशकारी भूकंप नहीं आ सकते, परंतु कोयना व लातूर में आए भूकंपों से यह बात गलत साबित हो गई है। राष्ट्रीय भूभौतिकीय अनुसंधान संस्थान के वैज्ञानिकों ने लातूर भूकंप क्षेत्र के अधिकेंद्र (पृथ्वी की सतह पर वह स्थान जो भूकंप उद्गम केंद्र के ठीक ऊपर होता है) के नीचे की जमीन का अध्ययन करके पता लगाया है कि अंदर द्रव पदार्थ मौजूद होने से वहां की चट्टानें आसपास की चट्टानों से कमजोर हो गई हैं। इसलिए लातूर क्षेत्र में पुनः भूकंप आने की संभावना को नकारा नहीं जा सकता।

राष्ट्रीय भूभौतिकीय अनुसंधान संस्थान (नेशनल जिओफिजिकल रिसर्च इंस्टीट्यूट–**एन.जी.आर.आई**) की स्थापना हैदराबाद में 1961 में हुई थी। संस्थान के डेढ़ सौ एकड़ में फैले केम्पस में अन्य प्रयोगशालाओं के अलावा भूकंप और भूचुंबकत्व के अध्ययन के लिए वेधशालाएं भी हैं। यहां की भूकंपलेखी वेधशाला का संसार की ऐसी वेधशालाओं में महत्वपूर्ण स्थान है और दक्षिण भारत की यह सबसे बड़ी व प्रमुख वेधशाला है। कोयना और लातूर के भूकंपों के बारे में आरंभिक आंकड़े इसी वेधशाला में प्राप्त हुए थे। इसी साल 22 मई की सुबह जबलपुर क्षेत्र में आए करीब 6 परिमाण के विनाशकारी भूकंप के बारे में सूचनाएं सबसे पहले हैदराबाद स्थित वेधशाला में ही उपलब्ध हुई थीं।

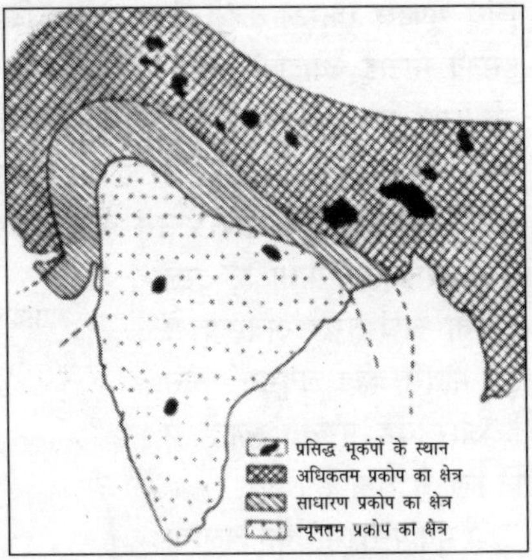


**चित्र 16.2 :** भारत के भूकंप क्षेत्र

पृथ्वी का केंद्र-बिंदु इसकी सतह से लगभग 6371 कि.मी. की गहराई पर है। मनुष्य अब तक करीब 10 कि.मी. की गहराई तक ही छेद कर पाया है। दरअसल,

पृथ्वी के केंद्र-बिंदु तक छिद्र कर पाना लगभग असंभव है। इसलिए दूसरे अप्रत्यक्ष साधनों रो ही हमें पृथ्वी की आंतरिक रचना के बारे में जानकारी प्राप्त करनी पड़ती है। मजे की बात यह है कि जिन भूकंपों से जान-माल को भारी नुकसान पहुंचता है उन्हीं से हमें पृथ्वी की आंतरिक रचना के बारे में सबसे ज्यादा जानकारी मिलती है।

तालाब में पत्थर फेंकने से जिस तरह जल में लहरें या तरंगें पैदा होती हैं उसी तरह भूकंप की हलचलों से पृथ्वी के अंदर लहरें या तरंगें पैदा होती हैं। ये तरंगें मुख्यतः तीन प्रकार की होती हैं—प्राथमिक, द्वितीयक और पृष्ठीय। इन्हें क्रमशः **पी., एस.** और **एल.** तरंगें भी कहते हैं। इनमें से केवल **पी** और **एस** तरंगों से ही पृथ्वी के अंतरंग के बारे में जानकारी मिलती है। ये भूकंप-तरंगें जब पृथ्वी के अंदर से गुजरती हैं तो मुड़ती हैं और इनकी गति भी बदलती जाती है। तरंगों के इस तरह के व्यवहार से पृथ्वी की विभिन्न घनत्व वाली परतों के बारे में जानकारी मिलती है।

पता चला है कि पृथ्वी मुख्यतः तीन परतों के मेल से बनी है। ऊपरी परत, जिसे **भूपटल** (क्रस्ट) कहते हैं, 5 से 65 कि.मी. तक मोटी है। महाद्वीपों के नीचे इसकी मोटाई ज्यादा है और महासागरों के तल के नीचे कम। भूपटल के नीचे की दूसरी परत, जिसे **प्रावार** (मेंटल) कहते हैं, 2900 कि.मी. की गहराई तक है। प्रावार के नीचे पृथ्वी-केंद्र तक जो भाग है उसे क्रोड (कोर) कहते हैं। इसके दो हिस्से हैं—बाह्य क्रोड और भीतरी क्रोड। बाह्य क्रोड, जो 2900 से 5150 कि.मी. की गहराई तक फैला है, तरल अथवा अर्ध-तरल अवस्था में है। भीतरी क्रोड लगभग ठोस है और यह मुख्यतः लोहे व निकेल से बना है।

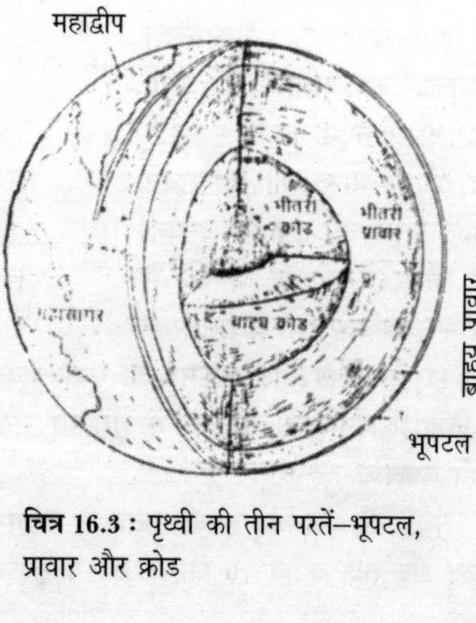


**चित्र 16.3 :** पृथ्वी की तीन परतें—भूपटल, प्रावार और क्रोड

भूकंप-तरंगों के अलावा कृत्रिम विस्फोटों से भी पृथ्वी की आंतरिक रचना के बारे में जानकारी प्राप्त की जाती है। एन.जी.आर.आई. के वैज्ञानिक 1972 से इस क्षेत्र में अन्वेषण करते आ रहे हैं और उनके इस प्रयास से भारतीय भूपटल के

बारे में महत्वपूर्ण सूचनाएं प्राप्त हुई हैं।

इस विश्व में स्थायी, शाश्वत या स्थिर कुछ भी नहीं है। सौर-मंडल के अन्य ग्रहों के साथ पृथ्वी का जन्म करीब 5 अरब साल पहले हुआ। करीब 3 अरब साल पहले इस धरती पर जीवाणुओं का उदय हुआ। तुलना में धरातल पर आदमी का आगमन कुछ लाख साल पहले ही हुआ है। धरातल की परिस्थितियों में लगातार बदलाव होता रहा है। चुंबकीय ध्रुव बदलते रहे, समुद्री तल फैलते रहे, महाद्वीप प्रवास करते रहे। महाद्वीपों के विस्थापन का यानी स्थान बदलने का सिद्धांत जर्मन वैज्ञानिक **अल्फ्रेड वैगनेर** ने 1912 में प्रस्तुत किया था। एक समय ऐसा भी रहा है जब सभी महाद्वीप एक-दूसरे से जुड़े हुए थे। फिर ये टूटकर एक-दूसरे से अलग होते गए। दरअसल, समुद्र-तल किस तरह फैलते हैं और महाद्वीप किस तरह सरकते हैं, यह समझाने के लिए 1965 के आसपास एक नया सिद्धांत प्रस्तुत किया गया। इसे **प्लेट विवर्तन** (प्लेट टेक्टोनिक्स) का सिद्धांत कहते हैं। प्लेट विवर्तन के सिद्धांत के जरिए अब हम समुद्र-तल का फैलाव, पर्वत-निर्माण और भूकंप व ज्वालामुखी जैसी घटनाओं को बेहतर ढंग से समझ सकते हैं।

प्लेट विवर्तन सिद्धांत का संबंध पृथ्वी के स्थल-मंडल नामक कवच से है। भूपटल और प्रावार (मेंटल) का ऊपरी हिस्सा मिलकर स्थल-मंडल बनता है। पृथ्वी का यह स्थल-मंडल करीब आधा दर्जन प्लेटों से निर्मित है। इन प्लेटों के नाम हैं– मुख्य प्रशांत प्लेट, अमरीकी प्लेट, भारत-आस्ट्रेलियाई प्लेट, यूरेशियन प्लेट आदि। पता चला है कि भूकंप, ज्वालामुखी, पर्वत-निर्माण आदि घटनाएं इन प्लेटों के

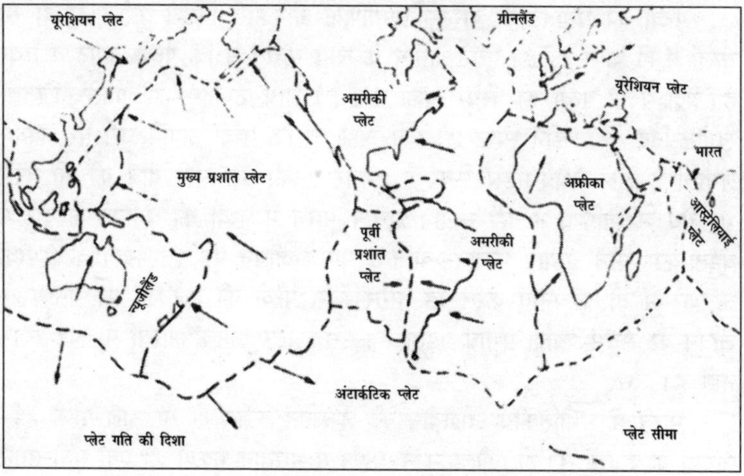


**चित्र 16.4 :** धरती की प्रमुख प्लेटें और उनकी गति की दिशाएं

**चित्र 16.5 :** एन.जी.आर.आई. की एक प्रयोगशाला का दृश्य

किनारों पर या इनकी सीमाओं के आसपास घटित होती हैं। उदाहरण के लिए, भारतीय प्लेट के एशियाई प्लेट के साथ टकरा जाने के कारण ही इन दोनों के बीच में जमा अवसाद हिमालय पर्वत के रूप में ऊपर उठ आया है। हिमालय का उठाव आज भी जारी है। पृथ्वी के स्थल-मंडल की विविध घटनाओं के स्पष्टीकरण में प्लेट विवर्तन सिद्धांत क्रांतिकारी भूमिका अदा कर रहा है।

पृथ्वी की बनावट के बारे में प्रामाणिक जानकारी पिछले करीब डेढ़-दो सौ सालों में ही प्राप्त हुई है। पुराने जमाने के लोग सोचते थे कि पृथ्वी सपाट व स्थिर है। वेदों में भी पृथ्वी को 'स्थिर' कहा गया है। आर्यभट (499 ई.) पहले गणितज्ञ-खगोळ-विद थे जिन्होंने स्पष्ट शब्दों में कहा था कि पृथ्वी अपनी धुरी पर चक्कर लगाती है और नक्षत्र-मंडल स्थिर है। मगर उनकी इस सही बात को भी दूसरे भारतीय ज्योतिषियों ने नहीं माना। प्राचीन भारत में पृथ्वी की बनावट के बारे में बहुत कम सोचा गया। फलित-ज्योतिषी मानव जीवन पर दूसरे ग्रहों के प्रभावों के बारे में तो कल्पनाएं करते रहे, मगर जिस पृथ्वी की हलचलों का मनुष्य के जीवन पर सबसे ज्यादा प्रभाव पड़ता है। उसके लिए उनके शास्त्रों में कोई स्थान नहीं है।

भारत में भूभौतिकीय खोजबीन की शुरुआत करीब दो सौ साल पहले हुई— अंग्रेजों के प्रयासों से। टी. ओल्डहम ने 1898 में भारतीय भूकंपों की एक सूची तैयार की। भारत में पहला भूकंपलेखी यंत्र 1898 में मुंबई में स्थापित किया गया। मुंबई

में ही 1847 में भारत की पहली भूचुंबकीय वेधशाला स्थापित की गई। बाद में इसका नाम **अलीबाग वेधशाला** हो गया। बाद में भारतीय मौसम विभाग के प्रयासों से कई स्थानों पर भूकंपमापी वेधशालाएं स्थापित हुईं। भूभौतिकीय अध्ययन की दृष्टि से भारत का दुनिया में एक विशिष्ट स्थान है। यहां सबसे ऊंचे पर्वत-शिखर हैं; सबसे पुराना प्रायद्वीप है। चुंबकीय विषववृत्त भी भारत से गुजरता है।

आधुनिक भारत में **डी.एन. वाडिया** नाम के एक बहुत बड़े भूविज्ञानी हुए। मुख्यतः उन्हीं के प्रयासों से अक्टूबर, 1961 में हैदराबाद में राष्ट्रीय भूभौतिकीय अनुसंधान संस्थान (एन.जी.आर.आई.) की स्थापना हुई। पिछले करीब साढ़े तीन दशकों में यहां भूकंप, चुंबकत्व, भूतापीय ऊर्जा, भूमिगत जल, खनिजों, चट्टानों आदि के बारे में काफी मौलिक शोधकार्य हुआ है। यहां के कई भूविज्ञानियों ने अंटार्कटिक अभियानों में भाग लेकर उस महाद्वीप की भूरचना, प्लेट विवर्तन, हिमराशि आदि के बारे में अनुसंधान कार्य किया है। दक्षिण भारत के धारवाड़ क्षेत्र के भूपटल की चट्टानें करीब 3 अरब साल पुरानी हैं। यह भारतीय धरातल का सबसे स्थिर क्षेत्र है। एन.जी.आर.आई. के वैज्ञानिकों ने इस धारवाड़ क्षेत्र का गहन अध्ययन किया है और यहां की चट्टानों में करीब 2.9 अरब साल पहले के जीवाणुओं के अवशेषों (जीवाश्मों) की खोज की है।

जिस धरती पर हमारा निवास है, उसके स्वरूप, उसकी आंतरिक रचना और विविध हलचलों को ठीक से जानना अत्यावश्यक है। मगर इधर देखने में आ रहा है कि पृथ्वी की खनिज, जल, मिट्टी आदि की सम्पदा का दोहन तो हम बड़ी तेजी से करते जा रहे हैं, मगर इसके वैज्ञानिक अध्ययन पर बहुत कम ध्यान दे रहे हैं। भूविज्ञान के अध्ययन में अब विद्यार्थियों की दिलचस्पी काफी कम देखने को मिलती है। यह चिंता की बात है। धरती माता की आराधना का सबसे अच्छा तरीका है उसका वैज्ञानिक अध्ययन-अन्वेषण करना।

## भूकंप के दौरान क्या करना चाहिए

(हैदराबाद की वेधशाला में लगे सूचना-पट्ट के अनुसार)

### भूकंप के दौरान

1. भयभीत मत होइए। यदि कोई चीज आपके ऊपर गिरने वाली नहीं है, तो भूडोल से डरने की कोई बात नहीं। ऐसा नहीं हो सकता कि धरती फट जाए और आसपास के क्षेत्र को अपने भीतर हड़प ले। अपने को शांत रखिए।

2. यदि आप घर के भीतर फंस जाते हैं, तो भीतर ही रहिए। मेज, बेंच, द्वार-चौखट के नीचे या बड़े कक्ष में या भीतरी दीवार के समीप शरण लीजिए। कांच की चीजों से दूर रहिए।

3. भूकंप के दौरान, और बाद भी, दियासलाई, मोमबत्ती या अन्य कोई खुली लौ नहीं जलाइए। आग को बुझा दीजिए।

4. भूकंप के दौरान यदि आप बाहर हैं, तो मकानों और बिजली के तारों से दूर रहिए। भूडोल बंद होने तक बाहर ही रहिए।

5. मकानों के भीतर या उनके नजदीक से मत दौड़िए। दरवाजों के बाहर और बाहरी दीवारों के नजदीक रहने पर गिरते मकानों का मलवा सबसे ज्यादा खतरनाक साबित होता है।

6. यदि आप चलती कार में बैठे हैं, तो उसे यथासंभव जल्दी से रोकने की कोशिश कीजिए। कार एक प्रकार का बढ़िया भूकंपमापी साधन है। इसमें जो स्प्रिंग लगे होते हैं, उनके कारण भूकंप के दौरान कार काफी तेजी से डोलती है। मगर भूकंप के दौरान कार में ही बैठे रहना अच्छा रहता है।

**भूकंप के बाद**

1. बिजली व पानी की सप्लाई की जांच कीजिए। इन्हें चालू न कीजिए। धरती के हिलने से बिजली-पानी की वाहिकाएं छिन्न-भिन्न हो सकती हैं।

2. यदि पानी के नल टूट-फूट गए हों, तो मुख्य सप्लाई बंद कर दीजिए।

3. यदि बिजली के तार कट गए हों, तो मुख्य मीटर की सप्लाई बंद कर दीजिए।

4. ताजी सूचनाएं प्राप्त करने के लिए (संभव हो तो) अपने रेडियो-सेट या टेलीविजन को चालू कीजिए।

5. टेलीफोन से दूर रहिए, केवल आपातकाल की सूचना देने के लिए ही इसका इस्तेमाल करें।

6. देखने-फिरने के लिए बाहर मत जाइए।

7. ज्यादा क्षतिग्रस्त मकान से दूर रहिए, बाद में आने वाले झटकों से ऐसे मकान ढह सकते हैं।

अध्याय-17

# क्षेत्रीय अनुसंधान प्रयोगशाला

(भोपाल)

मेरा बचपन महाराष्ट्र के एक गांव में गुजरा। याद आता है जानवरों से फसल की रक्षा के लिए खेत में एक विशेष पौधे का बाड़ा लगाया जाता था। मराठी में उस पौधे को क्या कहते थे, यह मुझे अब याद नहीं। मगर उसका उपयोग याद है। उस पौधे की पत्तियों से सुतली जैसे रेशे निकाले जाते थे और उनका इस्तेमाल साग-सब्जियों की गड्डियां बांधने के लिए किया जाता था।

पिछले दिनों मैं भोपाल स्थित **क्षेत्रीय अनुसंधान प्रयोगशाला** (रीजनल रिसर्च लेबोरेटरी–**आर.आर.एल.**) गया, तो बचपन में देखे उसी पौधे के कई सारे उपयोग देख कर चकित रह गया। यह भी पता चला कि उस पौधे को **सीसल** कहते हैं मगर सीसल भारतीय नाम नहीं है। दरअसल, यह पौधा भी भारतीय मूल का नहीं है। यह मूलतः मध्य अमरीका के मेक्सिको प्रदेश का पौधा है। वहां के सीसल नामक एक बंदरगाह से इस पौधे के रेशों का दूर-दूर तक निर्यात होता था, इसलिए

**चित्र 17.1 :** क्षेत्रीय अनुसंधान प्रयोगशाला, भोपाल

**चित्र 17.2 :** सीसल के पौधे से पत्तियां काटती एक महिला

दुनियाभर में यह सीसल नाम से मशहूर हुआ। इसका वैज्ञानिक नाम है—**ऐगेव सीसलाना।**

पिछली सदी में सीसल के पौधे मेक्सिको से पहले यूरोप व अफ्रीका के देशों में पहुंचे और तदनंतर एशिया के भारत, चीन आदि देशों में। भारत के केरल, कर्नाटक, उड़ीसा, महाराष्ट्र मध्य प्रदेश आदि प्रांतों में सीसल की काफी उपज होती है। अधिकतर खेतों की बाड़ बनाने में इसका उपयोग होता है। यह पौधा भूमि के कटाव को रोकता है और बंजर भूमि को उपजाऊ बनाता है। इसके रेशे बहुत मजबूत होते हैं, इसलिए रस्सियां बनाने में इनका उपयोग होता है। भोपाल की क्षेत्रीय अनुसंधान प्रयोगशाला ने सीसल के रेशों के और भी कई उपयोग खोजे हैं।

सी.एस.आई.आर. की अन्य प्रयोगशालाओं की तुलना में भोपाल की यह प्रयोगशाला काफी छोटी है। इसकी स्थापना भी काफी बाद में, सन् 1981 में हुई।

मुझे छोटी चीजें अच्छी लगती हैं। वे यदि जनसाधारण के लिए हितकारी हों तो और भी अच्छी लगती हैं। भोपाल की प्रयोगशाला में चार दिन बिताए, तो सभी वैज्ञानिकों से सुनने को मिला—हमारी छोटी प्रयोगशाला है। प्रयोगशाला के निदेशक प्रो. ताडीमेटी चक्रपाणी राव के यही उद्‌गार थे। बोले—हमारे अन्य कामों के अलावा सीसल में संबंधित काम भी अवश्य देख लीजिए।

प्रयोगशाला के मुख्य भवन से अलग-थलग एक कोने में बना एक छोटा-सा

मकान। देखा कि वहां एक बड़े कमरे में आठ-दस महिलाएं, जिनमें कुछ आदिवासी भी थीं, फर्श पर बैठकर सीसल के रेशों से हस्तशिल्प की सुंदर और उपयोगी चीजें बना रही हैं। सीसल का रेशा जूट से ज्यादा सफेद व मजबूत होता है, इसलिए इससे बनी शिल्पवस्तुएं अधिक टिकाऊ और आकर्षक होती हैं।

रेतीली, हल्की और कठोर भूमि में सीसल की खेती मजे से की जा सकती है। रोपाई के ढाई साल बाद इसकी पहली फसल काटी जा सकती है। करीब दस साल तक इसकी फसल प्राप्त होती है। पत्तियों की कटाई नीचे के चक्र से शुरू की जाती है। एक कटाई के 10-12 माह बाद दूसरी कटाई की जा सकती है। पत्तियों को उबालकर, सुखाकर और पीटकर उनसे रेशे निकाले जाते हैं। रेशे निकालने के लिए 'रेस्पोडोर' नामक मशीन का भी उपयोग होता है। सीसल की 1000 किलोग्राम पत्तियों से करीब 30 किलोग्राम रेशे प्राप्त किए जा सकते हैं। इनसे मोम के अलावा एक प्रकार की जेली भी प्राप्त होती है। सीसल की लुगदी से कागज भी बनाया जा सकता है।

भोपाल की प्रयोगशाला (आर.आर.एल.) ने शोधकार्य करके सीसल के और भी कई उपयोग खोजे हैं। सीसल का उपयोग करके छतों की चादरें, दरवाजे, टाइल्स आदि चीजें बनाई गई हैं। इस तरह, सीसल का पौधा लकड़ी का विकल्प बन सकता है और वन-कटाई को रोकने में बड़ा योग दे सकता है। जूट की तुलना

**चित्र 17.3 :** सीसल के पौधों से हस्तशिल्प की वस्तुएं बनाती महिलाएं

में सीसल का रेशा बेहतर है, सस्ता है। नायलोन व रेयान जैसे कृत्रिम रेशों की तुलना में भी सीसल के रेशे बेहतर साबित होते हैं। महत्व की बात यह है कि प्राकृतिक उपज होने के कारण सीसल के उपयोग में प्रदूषण की कोई समस्या नहीं। देश में बेकार पड़ी हजारों हेक्टेयर ऊसर भूमि में सीसल उगाया जा सकता है। सीसल के उत्पादों को बढ़ावा देकर ग्रामीणों और आदिवासियों की आर्थिक दशा सुधारने में मदद मिल सकती है।

मध्यप्रदेश के वनांचलों में औषधोपयोगी जड़ी-बूटियां प्रचुर मात्रा में उपलब्ध हैं। छिंदवाड़ा जिले की पातालकोट घाटी में औषधीय पौधे बहुतायत में मिलते हैं। इनमें आंवला, हरड़ और बहेड़ प्रमुख हैं। इन औषधियों को सही ढंग से तोड़ने और इनसे त्रिफला जैसी आयुर्वेदिक औषधि बनाने का आदिवासी महिलाओं को प्रशिक्षण देकर उनके जीवनस्तर को सुधारा जा सकता है। आर.आर.एल. ने इस दिशा में काफी सराहनीय काम किया है।

आर.आर.एल. में एक ओर ग्रामीण उपयोग की तकनीकों का विकास किया जा रहा है, तो दूसरी ओर उच्च्व टेक्नोलॉजी के क्षेत्र में भी अनुसंधान कार्य हो रहा है। प्राचीन भारत धातुकर्म के मामले में काफी आगे था। सबूत हैं दिल्ली और धार नगरी (मध्यप्रदेश) के लौहस्तंभ। अब सम्मिश्र (कंपोजिट) पदार्थों का जमाना है। मिश्रधातु या एक धातु के साथ रेशेवाली चीजें मिलाने पर जो मजबूत पदार्थ तैयार होते हैं उन्हें **सम्मिश्र** कहते हैं।

आर.आर.एल. के वैज्ञानिकों ने इस बात को पहचाना है कि पूरे औजार या कल-पुर्जे को बदलने की बजाए उनकी सतह के गुणों में ही सुधार किया जाए, तो धन और श्रम की काफी बचत हो सकती है। इस सोच के आधार पर कृषि, खनन और बिजली उत्पादन के क्षेत्रों में काम आने वाले उपकरणों व कलपुर्जों की सतहों में सुधार किया जा रहा है। आर.आर.एल. के वैज्ञानिकों को इस क्षेत्र में काफी सफलता मिली है।

सिंधु सभ्यता के एक प्रमुख स्थल मोहनजोदड़ो से कांसे की एक छोटी मूर्ति मिली है। यह एक नर्तकी बाला की मूर्ति है और करीब चार हजार साल पहले कांसे को ढालकर बनाई गई। पहले मोम से मूर्ति बनाई गई। फिर उस पर गीली मिट्टी का लेप चढ़ाया गया। फिर मोम को पिघला कर बहा दिया गया। इस तरह भीतर मूर्ति का सांचा तैयार हो गया। फिर उस सांचे में पिघलाए गए कांसे को डाला गया। ठंडा होने पर मिट्टी के कवच को तोड़ दिया गया। भीतर से कांसे की मूर्ति निकल आई। जिस तरीके से मूर्ति बनाई गई उसे **मधूच्छिष्टविधान** यानी 'मोम छोड़ने की विधि' कहते हैं।

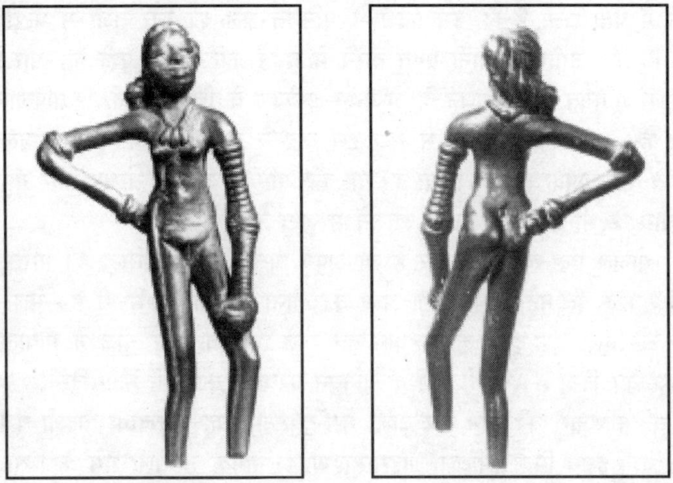

**चित्र 17.4 :** मोहेंजो-दड़ो से प्राप्त कांसे की ढली 'नर्तकी बाला'
सामने का दृश्य (बाएं), पीछे का दृश्य (दाएं)

उड़ीसा, बिहार और मध्यप्रदेश के आदिवासी आज भी मधूच्छिष्टविधान से कांसे की मूर्तियां ढालते हैं। अब इसे **डोकरा शिल्पकारी** के नाम से जाना जाता है। इन मूर्तियों की ऊपरी सतह पर मुखाकृति, नैन-नक्श, बाल, वस्त्र, आभूषण, साज-सज्जा आदि के लिए मोम के बारीक तारों का इस्तेमाल किया जाता है। देखा गया है कि ये आदिवासी कारीगर मानक सामग्री और ताप-उपचार पर समुचित नियंत्रण नहीं रख पाते, इसलिए मूर्तियां कई बार अच्छी किस्म की नहीं निकलतीं। आर.आर.एल. ने कांसे की मूर्तियों के निर्माण के लिए बेहतर वैज्ञानिक तरीके विकसित किए हैं। इससे उत्पादन तीन-चार गुना बढ़ा है और वस्तुओं पर चमक भी अधिक आती है।

आर.आर.एल. में कम लागत की भवन-निर्माण सामग्री तैयार करने की दिशा में काफी काम हुआ है। एस्बेस्टेस के स्थान पर सनई के रेशों को उपयोग करके छत की चादरें तैयार की गईं। उड़न राख (फ्लाई ऐश) से ईंटें बनाने का भी तरीका खोजा गया है। प्रमुखतः भवन-निर्माण पर अनुसंधान कार्य करने के लिए रुड़की में सी.एस.आई.आर. की एक प्रयोगशाला है। भोपाल की क्षेत्रीय अनुसंधान प्रयोगशाला में भी भवन-निर्माण और भवनों के परीक्षण संबंधी अनुसंधान के लिए कई आधुनिक साधन जुटाए गए हैं।

मध्यप्रदेश में नर्मदा, माही, ताप्ती आदि कई नदियां बहती हैं। मगर इधर के

वर्षों में पता चला है कि इस प्रदेश में भूमिगत जल का स्तर तेजी से घटता जा रहा है और जमीन से पानी प्राप्त करने में बहुत कठिनाई हो रही है। आर.आर.एल. में भूमिगत जल-संसाधन के अध्ययन-अन्वेषण के लिए एक केंद्र स्थापित किया गया है। आधुनिक कंप्यूटरों से सजे इस केंद्र ने कई क्षेत्रों के भूमिगत जल की स्थिति का व्यापक सर्वेक्षण किया है। यह केंद्र भूमिगत जल के संरक्षण और समुचित उपयोग के भी उपाय व साधन खोजने में जुटा हुआ है।

भोपाल एक खूबसूरत शहर है जो अपने तालों के लिए प्रसिद्ध है। भारत हैवी इलैक्ट्रिकल्स लिमिटेड (भेल) का भव्य कारखाना भी भोपाल में ही है। भेल और आर.आर.एल. एक-दूसरे को सहयोग देते रहते हैं। एक और चीज ने भोपाल को मशहूर कर दिया है। वह है यहां के यूनियन कार्बाइड कारखाने में 2 दिसंबर, 1984 को घटित हजारों की जान लेने वाली गैस-दुर्घटना। यह कारखाना विदेशी पूंजी से बना था। इसमें मिक (मीथेल आइसोसाइनाइड) नामक जहरीली गैस के रिसाव से यह दुर्घटना हुई थी।

भोपाल की क्षेत्रीय अनुसंधान प्रयोगशाला तुलना में काफी छोटी है, प्राकृतिक साधनों के समुचित उपयोग और जनहित के लिए समर्पित है। एक बात और, सी.एस.आई.आर. की कई साधन-संपन्न प्रयोगशालाएं अब बूढ़ी हो गई हैं। तुलना में भोपाल की प्रयोगशाला में नवीनता है, भरपूर उत्साह है।

अध्याय-18

# राष्ट्रीय वनस्पति अनुसंधान संस्थान

(लखनऊ)

लखनऊ शहर अपनी नवाबी शान-शौकत के लिए बहुत प्रसिद्ध रहा है। अवध के नवाबों ने यहां एक ओर बड़ा इमामबाड़ा, छोटा-इमामबाड़ा व दिलकुशा जैसी भव्य इमारतों का निर्माण कराया, तो दूसरी ओर कई शानदार बाग भी बनवाए। बागों के इस नगर में सबसे मशहूर है **सिकंदर बाग**। नवाब सआदतअली खां ने 1800 ई. के आस-पास इस बाग की नींव डाली थी। लखनऊ के अंतिम नवाब वाजिद अली शाह (1847-1856) ने इस बाग को बढ़ाया और इसे अपनी प्रिय बेगम सिकंदर महल का नाम दिया। तभी से इस उद्यान को सिकंदर बाग के नाम से जाना जाता है।

वाजिद अली शाह ने इस बाग की चहारदीवारी के बीच बेगम सिकंदर महल के लिए ग्रीष्मकालीन निवास भी बनवाया था। इस बाग का शानदार प्रवेश-द्वार आज भी सुरक्षित है। सन् 1856 में गद्दी से उतार दिए जाने के बाद वाजिद अली शाह कलकत्ता चले गए, तो सिकंदर बाग अंग्रेजों के अधिकार में आ गया। उन्होंने इसका विस्तार किया, इसमें बहुत-से नए पेड़-पौधे लगाए।

गोमती नदी के दक्षिणी तट के समीप 25 हेक्टेयर क्षेत्र में फैला हुआ यह

**चित्र 18.1 :** सिकंदर बाग में आयोजित पुष्प प्रदर्शनी

**चित्र 18.2 :** भारतीय वनस्पति उद्यान (कलकत्ता) में 'विशाल वाटल लिली' पर बैठी एक बालिका

सिकंदर बाग लखनऊ के लगभग मध्य भाग में स्थित है। हमारे देश का यह तीसरा बड़ा वनस्पति-उद्यान है। भारत का सबसे बड़ा वनस्पति-उद्यान हावड़ा (कलकत्ता) में है और दूसरा बड़ा वनस्पति-उद्यान 'लालबाग' बेंगलूर में है।

हमारे देश में उद्यानों की परंपरा बहुत पुरानी है। रामायण में कई तरह के उद्यानों के बारे में जानकारी मिलती है। प्राचीन भारत में आश्रमों, मठों, मंदिरों बौद्ध विहारों आदि के आस-पास उद्यान बनाए जाते थे। राजा-महाराजा भी विहार तथा आमोद-प्रमोद के लिए बाग-बगीचे बनवाते थे। मुगल बादशाहों ने कश्मीर, पंजाब, दिल्ली और उत्तर प्रदेश में बहुत से उद्यान बनवाए। इनमें से कई आज भी मौजूद हैं। अंग्रेजों के समय से कुछ प्रमुख उद्यानों का उपयोग भारत में आर्थिक लाभ के लिए नए-नए पेड़-पौधे उगाने और वनस्पति के अध्ययन-अन्वेषण के उद्देश्य से होने लगा। लखनऊ का सिकंदर बाग प्रमुखतः वैज्ञानिक अध्ययन के लिए ही समर्पित रहा है।

देश के आजाद होने पर 1948 में उत्तर प्रदेश सरकार ने सिकंदर बाग को 'राष्ट्रीय वनस्पति उद्यान' के रूप में परिवर्तित कर दिया। फिर 1953 में वैज्ञानिक एवं औद्योगिक अनुसंधान परिषद (नई दिल्ली) ने इस वनस्पति उद्यान को अपनी एक प्रयोगशाला के रूप में अपना लिया। यहां वनस्पति विज्ञान से संबंधित शोधकार्य का विस्तार हुआ, तो 1978 में इस राष्ट्रीय वनस्पति उद्यान को नया नाम दिया गया–**राष्ट्रीय वनस्पति अनुसंधान संस्थान** (नेशनल बॉटनिकल रिसर्च इंस्टीट्यूट–**एन.बी.आर.आई.**)। मगर लखनऊ की आम जनता आज भी इस उद्यान को और

**चित्र 18.3 :** राष्ट्रीय वनस्पति अनुसंधान संस्थान (एन.बी.आर.आई.) का मुख्य भवन

इसमें स्थित प्रयोगशालाओं को पुराने सिकंदर बाग के नाम से ही जानती-पहचानती है।

इस धरती पर पेड़-पौधों का उदय और विकास जीव-जन्तुओं के काफी पहले हुआ। सभी प्राणी वनस्पति-जगत पर आश्रित हैं। पेड़-पौधों की इस बुनियादी धरोहर के कारण ही इस धरती पर मानव-जीवन टिका हुआ है। किसी भी देश की सम्पन्नता काफी हद तक उसकी वनस्पति-सम्पदा से निर्धारित होती है।

भारत एक विशाल देश है। यहां की जलवायु और मिट्टी में बड़ी विविधता है। यही वजह है कि हमारे यहां नाना प्रकार के पेड़-पौधों का भंडार है। भारत में वनस्पतियों की करीब 45,000 प्रजातियां पाई जाती हैं जो दुनिया के पादप-जगत

**चित्र 18.4 :** सिकंदर बाग का ग्लास हाउस

की 11 प्रतिशत हैं। केवल पुष्पीय पौधों को ही लें, तो भारत में इनकी संख्या 15,000 के करीब है। अकेला हिमालय ही लगभग 8000 पुष्पीय पौधों को अपने में समेटे हुए है। इनमें से 50 प्रतिशत जातियां स्थानीय हैं। पश्चिमी घाट में पुष्पीय पौधों की करीब 4000 जातियां हैं जिनमें 1500 स्थानीय हैं। जल में उगने वाले कमल जैसे पुष्पीय पौधों के लिए हमारा देश विशेष रूप से प्रसिद्ध है। भारत में कुछ ऐसे भी क्षेत्र हैं जो अपनी जैव विविधता के लिए विख्यात हैं। ऐसा एक क्षेत्र है पश्चिमी घाट की 'साइलेंट वेली' यहां के सघन वनों में आज भी कुछ ऐसी वनस्पतियां छिपी हुई हैं जिनके बारे में जानकारी नहीं है।

**चित्र 18.5 :** पवित्र कमल

लखनऊ का राष्ट्रीय वनस्पति अनुसंधान संस्थान (एन.बी.आर.आई.) पौधों की खोज, संरक्षण, आनुवंशिक उन्नति, सुरक्षा और उनके कृषि-वैज्ञानिक अध्ययन जैसे कार्यों में जुटा हुआ है। यहां वनस्पति विज्ञान की सभी प्रमुख शाखाओं में शोधकार्य होता है। इनमें प्रमुख हैं–पादप जैव टेक्नालॉजी, फूलों की खेती, वृक्ष जैविकी, भूमि सुधार, औषधीय वनस्पति, लोक-वनस्पति, पर्यावरण विज्ञान, प्रादप प्रजनन तथा आनुवंशिकी और पादप अणु-जैविकी।

संस्थान में औषधीय पौधों पर महत्वपूर्ण शोधकार्य हुआ है। मानव ने हजारों साल के अपने अनुभवों से रोगों को दूर करने वाली बहुत सारी वनस्पतियों को पहचाना है। हमारे देश में लगभग 2500 औषधीय पौधे पाए जाते हैं। एन.बी.आर. आई. ने 'आर्टीमीसिया' नामक पौधे से ऐसा सुगंधि तेल प्राप्त किया है जिसका उपयोग रोगजनक जीवाणुओं के विरुद्ध हो सकता है। यहां अफीम-पोस्ते पर काफी कार्य हुआ है। इस समय दुनिया में अफीम का सबसे ज्यादा उत्पादन भारत में ही होता है। पोस्ते में चीरा लगाने पर उससे जो दूधिया रस निकालता है वह जमकर अफीम बन जाता है। इसमें मारफीन, नारकोटिन, कोडीन आदि कई एल्कॉलाइड खोजे गए हैं। एन.बी.आर.आई ने अफीम-पोस्ते की एक नई किस्म तैयार की है। इसे सभी प्रकार की भूमि में पैदा किया जा सकता है और इसमें मारफीन और कोडीन की मात्रा भी ज्यादा मिलती है।

पान हमारे देश की एक महत्वपूर्ण व्यावसायिक उपज है। भारत में लगभग

35,000 हैक्टेयर भूमि में पान की खेती होती है और इसमें करीब 800 करोड़ रुपए की मुद्रा अर्जित की जाती है। एन.बी.आर.आई. के वैज्ञानिक पिछले कई वर्षों से पान पर शोधकार्य करते आ रहे हैं। इस संस्थान का लखनऊ-कानपुर रोड पर **बंथना** नामक एक केंद्र है। यहां की संरक्षणशाला में कई किस्म के पान उगाकर उनकी बीमारियों पर खोजबीन की गई है और उनकी रोकथाम के उपाय खोजे गए हैं।

**चित्र 18.6 :** बोगेनविलिया का 'चित्र' प्रकार

मशरूम अथवा खुम्बी एक पोषक आहार है। प्रकृति में खुम्बी की कई किस्में मिलती हैं जिनमें कुछ जहरीली भी होती हैं। मगर अब वैज्ञानिक विधि से खाद्य किस्मों को अलग करके आसानी से उगाया जा सकता है। संस्थान ने खाद्य खुम्बियों की चार-चार किस्मों को उगाने की कृषि-तकनीक का विकास किया है।

शोभाकारी पुष्पी पौधे अपने विविध रंगों, सुगंधों और गुणों के कारण बहुत प्राचीन काल से मानव को लुभाते आ रहे हैं। यही कारण है कि इन्हें बाग-बगीचों और वाटिकाओं में स्थान मिला। पूजा-अर्चना, जन्म, विवाह, मृत्यु आदि में भी पुष्पी पौधों का उपयोग होता है। भारत में ग्लैडिओलस, गुलदाउदी, गुलाब, रजनीगंधा, गेंदा, बोगेनविलिया आदि की अच्छी खेती करके लाभ अर्जित किया जा सकता है। राष्ट्रीय वनस्पति अनुसंधान संस्थान ने शोभाकारी पुष्पी पौधों की बहुत सारी नई प्रजातियां विकसित हैं।

गुलदाउदी को लीजिए। इसके फूल विभिन्न आकारों और रंगों के होते हैं। यह ऐसा पौधा है जो अपने को परिस्थितियों के अनुकूल ढाल लेता है। संस्थान ने इसकी कई किस्में विकसित की हैं। इनके नाम हैं—बीरबल साहनी, अप्सरा, सुनील, अप्पू, पीत सिंगार आदि। गामा-किरणों का प्रयोग करके गुलदाउदी के कुछ नये प्रकार भी तैयार किए गए हैं जिनके नाम तूलिका, शीला आदि हैं।

ग्लैडिओलस तलवार जैसी पत्तियों वाला एक बहुरंगी पौधा है। उत्तर भारत में यह आमतौर पर पहाड़ी क्षेत्रों में उगाया जाता है। संस्थान में किए गए शोधकार्य के कारण अब इसकी खेती मैदानी क्षेत्रों में भी की जाने लगी है। इसकी अर्चना, ज्वाला, मनहर, मोहिनी, मुक्ता आदि नामों वाली कई उपयुक्त किस्में इस संस्थान

चित्र 18.7 : सिकंदर बाग का एक दृश्य

में विकसित की गई हैं।

एन.बी.आर.आई. में रंगीन सहपत्रों वाले बोगेनविलिया की कई सारी नई किस्में तैयार की गई हैं। इस शोभाकारी पौधे की चितकबरी पत्तियों वाली किस्में भी पाई जाती हैं। इसकी कई आरोही यानी ऊपर चढ़ने वाली किस्में भी उपलब्ध हैं। संस्थान ने बोगेनविलिया की जो नई उपजातियां उपजाई हैं उन्हें शुभ्रा, चित्रा, बेगम सिकंदर, वाजिद अली शाह जैसे सुंदर नाम दिए गए हैं। बोगेनविलिया मूलतः ब्राजील का शोभाकारी पौधा है।

संस्थान ने फूलों को सुखाने (निर्जलीकरण) का एक ऐसा तरीका खोजा है जिससे इनका रंग व रूप पहले जैसा ही सुरक्षित रहता है। इन्हें पारदर्शी, मुहबंद शीशे के पात्रों में लंबे समय तक रखा जा सकता है। इन सुखाए गए फूलों को ग्रीटिंग कार्डों पर भी सजाया जा सकता है।

भारत में वायु-प्रदूषण एक गंभीर समस्या बन गई है, विशेषकर महानगरों में। ताप बिजलीघरों से निकलने वाली राख और अन्य प्रकार के कण बड़ी मात्रा में वायु-मंडल में फैल जाते हैं। ये हमारे स्वास्थ्य के लिए तो खतरा बनते हैं, वनस्पतियों को भी भारी क्षति पहुंचाते हैं। एन.बी.आर.आई. में पिछले अनेक वर्षों से पेड़-पौधों पर वायु-प्रदूषकों के प्रभाव का अध्ययन हो रहा है। पता चला है कि जिन वृक्षों की पत्तियों की सतह नम व गीली होती है वे प्रदूषक गैसों को ज्यादा मात्रा में शोधित करते हैं। ऐसे प्रदूषण-सह्य वृक्ष हैं—बबूल, बेल, कटहल, नीम,

अमलताश, जामुन, बरगद, आम, इमली, अशोक आदि। इन्हें कारखानों के आसपास लगाना चाहिए।

कई ऐसे पेड़-पौधे हैं जो जल-प्रदूषण को कम करने अथवा जल को शुद्ध करने में सहायता देते हैं। संस्थान ने इस दिशा में काफी खोजबीन की है। पता चला कि जलकुंभी स्पाइटोडेला व ब्राह्मी जल-प्रदूषण कम करने में सहायक होते हैं। वैज्ञानिकों ने ऐसे पौधों का भी पता लगाया है जो धातुओं को चूसने की क्षमता रखते हैं। उदाहरण के लिए **सिबेर्सिया एकुमिनेटा** नामक पौधा ऐसी भूमि में उगता है जिसमें निकेल धातु की प्रचुरता होती है। इस पौधे के नीचे रंग में निकेल की मात्रा करीब 11 प्रतिशत होती है। **एओलैंथस** नामक पौधा जमीन में से तांबे का शोषण करता है। इस पौधे की सूखी पत्तियों में एक प्रतिशत तांबे की मात्रा होती है। जलकुंभी अन्य धातुओं के अलावा चांदी को भी चूसने की क्षमता रखती है। **हाइड्रोडिक्टियन** नामक शैवाल मुख्यतः लोहे व मैंगनीज का शोषण करता है। **सिरेटोफिलम** नामक पौधा क्रोमियम का शोषण करता है। क्रोमियम एक अत्यंत हानिप्रद धातु है।

इस प्रकार, हम देखते हैं कि ऐसे कई पौधे हैं जो एक तरफ प्रदूषण को कम करने में सहायता दे सकते हैं, तो दूसरी तरफ हमारे लिए कई किस्म की धातुओं का संचय भी कर सकते हैं। यह कल्पना कितनी मजेदार है कि भविष्य में धान व गेहूं की फसलों के साथ-साथ सोना, चांदी व निकेल जैसी धातुएं देने वाली फसलें भी उगाई जाएं।

मानव व वनस्पति का रिश्ता लाखों साल पुराना है। मानव ने एक ओर भूख मिटाने के लिए पेड़-पौधों की उपज का उपयोग किया, तो दूसरी ओर रोगों के इलाज के लिए भी इनका इस्तेमाल किया। आदिमानव की तरह आज भी कई आदिवासी समूह अपनी जीविका के लिए मुख्यतः वनों की उपज पर निर्भर हैं। मगर वन अब दिनों-दिन मिटते जा रहे हैं। इसलिए वनस्पतियों के बारे में परंपरा से अर्जित ज्ञान को सुरक्षित रखना जरूरी हो गया है। आदिवासियों में आज भी मौजूद इस ज्ञान को लोकवनस्पति (एथनोबॉटनी) का नाम दिया गया है। एन.बी. आर.आई. के वनस्पतिविदों ने इस क्षेत्र में काफी महत्वपूर्ण कार्य किया है। ऐसे अनेक पौधों का अध्ययन किया गया है जिनका आदिवासी लोग औषधि में, खाने में, रेशे प्राप्त करने के लिए तथा अन्य कई कामों में उपयोग करते हैं। संस्थान ने मिर्जापुर जिले के आदिवासियों और खेरी (उत्तर प्रदेश) जिले के थारू लोगों की लोकवनस्पति के बारे में पुस्तिकाएं भी प्रकाशित की हैं।

औषधियों के रूप में वनस्पतियों और जड़ी-बूटियों का उपयोग हजारों सालों

से होता आ रहा है। ***चरक-संहिता व सुश्रुत संहिता*** जैसे आयुर्वेद के ग्रंथों में इन पारंपरिक औषधियों के बारे में जानकारी मिलती है। मगर आज उन औषधीय वनस्पतियों को पहचानना सहज संभव नहीं है। कई बार असली वनस्पतियों के स्थान पर दूसरी वनस्पतियों का इस्तेमाल होता है। नागकेसर, गुलखैरी, प्रियंगु, पीतचंदन, रतनजोत, सपन आदि ऐसी ही वनस्पतियां हैं। संस्थान ने ऐसी करीब 50 पारंपरिक औषधियों को ठीक-ठीक पहचाना है, अर्थात् इनका मानकीकरण किया है। संस्थान ने कई परंपरागत वनस्पतियों का औषधीय गुणों की दृष्टि से भी अध्ययन किया है। आयुर्वेद में एक प्रसिद्ध दवाई है ***तालिष्पत्र***। पता चला है कि इसके पत्तों से प्राप्त होने वाले एल्कॉलॉइड का कैंसर के इलाज में उपयोग हो सकता है।

संसार भर की विविध वनस्पतियों का विस्तृत विवरण (डेटाबेस) तैयार हो जाए, तो यह एक बहुत बड़ा उपयोगी कार्य होगा। इस दिशा में कार्य शुरू हो गया है। फिलहाल फलीदार पौधों का कंप्यूटर-डेटाबेस तैयार करने का काम हाथ में लिया गया है। दक्षिण एशिया के फलीदार पौधों का डेटाबेस तैयार करने की जिम्मेदारी एन.बी.आर.आई. को सौंपी गई है। संस्थान ने इस काम को लगभग पूरा कर लिया है।

जैसा कि पहले बताया गया है, लखनऊ से करीब 21 कि.मी. दूर, लखनऊ-कानपुर मार्ग पर **बंथरा** गांव के पास संस्थान का 85 हेक्टेयर में फैला हुआ एक केंद्र है। इस केंद्र की स्थापना सन् 1956 में की गई थी। यह ऊसर भूमि का क्षेत्र था। ऊसर या परती जमीन को उपयोगी पेड़-पौधों से हरा-भरा बनाने के प्रयोजन से इस केंद्र की स्थापना की गई थी। आज यह पूरा क्षेत्र खूब हरा-भरा है। पता

**चित्र 18.8 :** लखनऊ के वनस्पति उद्यान का कैक्टस-घर

**चित्र 18.9 :** लखनऊ के वनस्पति उद्यान का पौधा रक्षागृह

चला है कि ऐसी भूमि में बबूल, अर्जुन व करंग जैसे वृक्ष तेजी से उगते हैं। इस केंद्र में औषधोपयोगी और शोभाकारी पुष्पीय पौधों की भी सफल खेती की गई है। यहां खाने के पान की भी कई किस्में उगाई गई हैं। पान संबंधी अनुसंधान के लिए संस्थान का **महोबा** (उत्तर प्रदेश) में एक अलग केंद्र है।

संस्थान हर साल दो बार पुष्प प्रदर्शनियों का आयोजन करता है। गुलाब और ग्लैडिओलस की प्रदर्शनी जनवरी माह में आयोजित की जाती है। गुलदाउदी और कालियस की प्रदर्शनी का आयोजन दिसंबर माह में होता है। इन प्रदर्शनियों में बाहर की प्रविष्टियों को भी शामिल किया जाता है, पुरस्कार भी दिए जाते हैं।

संस्थान में वनस्पतियों से संबंधित एक अच्छा और सुव्यवस्थित संग्रहालय है। यहां के पादपालय (हर्बेरियम) में करीब 1,15,000 पेड़-पौधों के नमूने एकत्र किए गए हैं। संस्थान के ग्रंथालय में करीब 50 हजार पुस्तकें हैं। संस्थान के प्रथम निदेशक प्रो. कैलाशनाथ कौल ने दुर्लभ ग्रंथों का अपना संग्रह एन.बी.आर.आई. को दान कर दिया था। इनमें 'आइकोन्स आफ इंडिया' नामक एक अद्भुत पुस्तक भी शामिल है। चमड़े के 15 पृष्ठों वाली इस पुस्तक का वजन 20 किलोग्राम है। इसकी लंबाई करीब एक मीटर और चौड़ाई दो-तिहाई मीटर है। इसे उठाने के लिए दो आदिमयों की जरूरत पड़ती है।